『十四五』职业教育河南省规划教材

男装高级衬衫工艺与制作

主编 高有堂 秦 萌

副主编 蒋 昆

U0377601

东华大学出版社·上海

图书在版编目（CIP）数据

男装高级衬衫工艺与制作 / 高有堂, 秦萌主编 ; 蒋昆副
主编. -- 上海 : 东华大学出版社, 2024. 9. -- ISBN
978-7-5669-2424-7

Ⅰ. TS941.718

中国国家版本馆CIP数据核字第2024A50H76号

责任编辑　谢　未

版式设计　赵　燕

封面设计　Ivy哈哈

男装高级衬衫工艺与制作
NANZHUANG GAOJI CHENSHAN GONGYI YU ZHIZUO

主　编：高有堂　秦　萌

副主编：蒋　昆

出　版：东华大学出版社

（上海市延安西路 1882 号　邮政编码：200051）

出版社网址：dhupress.dhu.edu.cn

出版社邮箱：dhupress@dhu.edu.cn

营销中心：021-62193056　62373056　62379558

印　刷：上海万卷印刷股份有限公司

开　本：889 mm×1194 mm　1/16

印　张：7.75

字　数：223 千字

版　次：2024 年 9 月第 1 版

印　次：2024 年 9 月第 1 次印刷

书　号：ISBN 978-7-5669-2424-7

定　价：59.00 元

目录

上篇

基础理论知识

第一章　高级男衬衫定制的流程

第一节　高级男衬衫的定制工艺流程

一、男衬衫定制的原因

　　男衬衫的定制有几个重要的原因和优势。首先，定制衬衫可以确保衬衫与个体身材完美贴合，提供更好的舒适度和穿着体验。其次，定制衬衫允许个人根据自己的风格和喜好选择细节，展现个性和品位。定制衬衫通常使用高质量的面料，提供耐用性、舒适度和外观的保证。此外，定制衬衫可以满足特殊身材需求和特殊场合的形象要求，满足个人职业需求和特定社交场合的要求。总而言之，男衬衫的定制能够提供合身度、舒适度、个性化选择和满足特殊需求，让衬衫更好地适应个人身体特征、风格偏好和特定场合的要求。以下是一些需要定制男衬衫的原因：

　　个体身材的独特性是男衬衫定制的重要理由之一。标准尺码的衬衫可能在某些方面无法完全适应个人的身形，导致一些不适合和不美观的问题。通过定制衬衫，可以根据个人的肩宽、胸围、腰围和臂长等身材特征进行精确的量身定制。这意味着衬衫的肩线将与个人的肩部匹配，胸部和腰部的宽度将适合个人的体型，袖子的长度将合适且不会过长或过短。这种个性化的定制能够确保衬衫更好地贴合身体曲线，提供更好的舒适度和穿着体验。不仅如此，合身的衬衫还能够展现身体的优势，使个人在外观上更加自信和精神焕发。因此，通过定制衬衫，男士们可以获得与自己身材完美匹配的衣着，享受到更好的舒适度和优越感。

　　风格和个性是男衬衫定制的另一个重要理由。每个人都有自己独特的风格和偏好，而标准尺码的衬衫可能无法满足每个人的个性化需求。通过定制衬衫，个人可以根据自己的喜好和需求选择各种细节，例如领型、袖长、袖口、下摆形状、纽扣样式等。

　　领型是衬衫的重要特征之一，可以选择不同类型的领型，如经典的直领、宽领、尖领、翻领等，以展现不同的风格。袖长和袖口也是可以个性化定制的要素，可以根据个人的喜好选择适合自己手臂长度和风格的袖长和袖口设计。此外，衬衫的下摆形状和纽扣样式也可以根据个人喜好进行定制。下摆可以选择平直的、圆弧形或者不规则的形状，以营造不同的时尚感和个性。纽扣样式也有多种选择，如普通纽扣、法式袖口纽扣、吊带纽扣等，这些细节设计能够为衬衫增添独特的风格和个性。通过定制衬衫，个人可以根据自己的偏好和个性化要求打造独特的风格，使衬衫成为展示个人品位和个性的时尚单品。不仅如此，定制衬衫还可以让男士们更加自信和舒适地展现自己的独特风格，在各种场合中脱颖而出。

　　特殊需求是男衬衫定制的另一个重要理由。标准尺码的衬衫可能无法满足身材特殊的人群的需求，例如身高较高或较矮的人、特大码或特小码的人等。这些人可能会面临衬衫长度不够或过长、袖长不合适、腰围不够宽松或过宽等问题。通过定制衬衫，可以根据个人的特殊需求进行调整，确保衬衫的合适度和舒适度。身材较高的人可以增加衬衫的长度，以保证下摆合适并能够完全塞入裤子中。身材较矮的人可以缩短衬衫的长度，避免下摆过长或在裤子外面露出过多。特大码或特小码的人可以定制适合自己身体尺寸的衬衫，确保腰围、肩宽和袖长等方面的合适度。通过满足特殊需求的定制，这些人群可以获得与自己身材完美匹配的衬衫，避免尺码不合适带来的不适和不美观。定制衬衫可以根据个人特殊需求进行量身打造，提供更好的舒适度和穿着体验。因此，对于那些无法满足标准尺码的人来说，定制衬衫是满足它们特殊需求的理想选择。

　　职业形象是男衬衫定制的重要理由之一。对于需要穿着正式职业装的人来说，衬衫是整体形象中至关重要的组成部分。一件精心定制的衬衫可以确保与个人职业形象相符，让人显得更加专业、精致和有信心。通过定制衬衫，可以根据职业的特点和个人喜好选择适合的细节和剪裁。例如，在传统的商务场合，领型可以选择经典的直领或尖领，传达出正式和专业的氛围。对于创意行业或更加自由的职业环境，可以选择更具个性的领型，如宽领或立领，以展现自己的独特风格。除了领型，袖长、袖口和下摆形状等细节也需要根据个人的职业需求进行定制。衬衫袖长应适合手臂长度，袖口的设计要与职业装搭配得当。下摆形状可以选择直线、圆弧或不规则形状，以适应不同的职业环境和个人风格。精细的剪裁也是定制衬衫的重要特点之一。通过准确测量个人身材并根据个体需求进行裁剪，可以确保衬衫的合适度、舒适度和整体效果。合身的衬衫不仅使人看起来更加专业，还能展现个人对细节的关注和品位。定制衬衫能够为职业形象的塑造提供个性化的选择，并确保衬衫与整体形象相得益彰。精心定制的衬衫能够让人在工作场合中自信地展现自己的专业形象，给他人留下深刻而积极的印象。因此，男士们可以通过定制衬衫来提升职业形象，让自己在职场上更加出色。

特殊场合的需要是男衬衫定制的另一个重要理由。在婚礼、晚宴、颁奖典礼等重要场合中，个人形象的重要性变得尤为突出。男士需要穿着优雅、合身的衬衫来展现自己的品位、风格和与众不同的个性。通过定制衬衫，可以根据特殊场合的主题和要求进行设计。例如，在婚礼上，男士通常需要穿着正式的礼服衬衫，可以选择高雅的领型、华丽的纽扣、精致的绣花或蕾丝等细节，以展现出尊贵、庄重的氛围。在晚宴或颁奖典礼等正式场合中，可以选择典雅的领型和剪裁，搭配高质量的面料和精细的细节处理，使衬衫更加与众不同。定制衬衫还可以根据个人的风格进行设计，使之与个人形象和偏好相契合。个性化的细节设计，如特殊的领型、独特的纽扣样式、个性化的绣花或印花等，可以突出个人风格，使衬衫在特殊场合中更加与众不同。在特殊场合中，定制衬衫不仅能够满足场合的要求，还能突出个人的品位和风格。合身的定制衬衫能够展现出男士的优雅和自信，增添整体形象的亮点，让他在重要活动中脱颖而出。因此，通过定制衬衫，男士们可以在特殊场合中展现出与众不同的个性和风格，给人留下深刻的印象，并创造出独特的时尚形象。

二、男装高级定制衬衫的制作流程

男装高级定制衬衫的制作流程是指根据客户的身形、喜好和需求，通过一系列的步骤和服务，制作一件完全适合客户身形和风格的衬衫。这个过程通常包括风格选择、测量身形、选择面料、裁剪和缝制、修改样式、试穿调整、质检和调整等步骤。每个步骤都需要经过精细的手工操作和专业的技术，以确保衣服的舒适度和外观质量。男装高级定制衬衫的流程旨在提供个性化的服务，让客户可以根据自己的喜好和需求，定制一件完美贴合自己身形和风格的衣服。定制衬衫的流程通常由专业的衣服顾问和缝纫师共同完成，它们会提供各种建议和服务，以确保每一件衣

服都可以达到客户的期望和要求。一般包括以下几个步骤：

（一）测量身形

进行详细的身形测量，是确保衬衫合体的关键步骤之一，测量尺寸包括领围、胸围、腰围、臀围、肩宽、袖长、衣长等。一般由专业的衣服顾问或缝纫师用软尺测量各部位的尺寸，软尺松紧量适中，不要过紧或过松，被测者也应该保持自然放松。测量数据将作为制作衬衫的基础数据，确保定制衬衫能够完美贴合客户的身形。下面是一些常见的身形测量项目和方法：

颈围：使用软尺测量颈部周围的距离。测量时要保持软尺松紧度适中，不要过紧或过松。

肩宽：使用软尺测量左肩到右肩的距离，可以让被测者双臂自然下垂，测量时软尺要与地面平行。

胸围：使用软尺测量胸部周围的距离。被测者应该站直，吸气，软尺紧贴皮肤但不要过紧。

腰围：使用软尺测量腰部周围的距离。被测者应该保持自然站姿，软尺紧贴皮肤但不要过紧。

衣长：使用软尺测量从颈部到衬衫下摆的距离。被测者应该保持自然站姿，软尺紧贴身体但不要过紧。

袖长：使用软尺测量从肩部到手腕的距离。被测者应该保持自然放松，软尺紧贴身体但不要过紧。

除了以上测量项目和方法外，还有一些其他的测量项目，如背宽、前胸宽、后背宽等，根据需要和设计选择。

（二）选择面料

男装高级定制衬衫的面料是其质量和舒适度的重要组成部分，定制衬衫的专业顾问需要考虑多个因素，如面料类型、纹路和图案、质量和细节等。最好根据个人的需求和使用场合来选择合适的面料，以确保最终的衬衫具有高质量和高舒适度，并推荐适合的面料，如纯棉、羊毛、丝绸等。定制衬衫的面料品质直接影响到舒适度和外观质量。此外，顾问也会根据季节和场合等因素，提供不同的面料选择，以确保客户的衬衫舒适度和外观质量。以下是一些选择男装高级定制衬衫面料的指南：

面料类型：男装高级定制衬衫的面料通常有棉织物、麻织物、羊毛织物和丝绸等类型。棉织物是一种非常常见的面料，舒适、透气，适合日常穿着。麻织物则更透气，更适合夏季穿着。羊毛织物是一种保暖、柔软、有光泽的面料，适合冬季穿着。丝绸是一种高档面料，非常舒适，有光泽，适合正式场合穿着。

面料纹路和图案：男装高级定制衬衫的面料通常有不同的纹路和图案，如格子、条纹、花纹等。选择合适的纹路和图案通常会基于个人的喜好和使用场合。

面料质量：男装高级定制衬衫的面料质量对于舒适度、耐久性和外观效果都非常重要。高质量的面料通常具有柔软、透气、抗皱和易打理的特点。选择面料时可以观察其质地、光泽、手感等表面特性，这些都可以帮助判断面料质量。

面料细节：在选择男装高级定制衬衫面料时，还需要注意细节问题，如面料的颜色和清洗方式等。面料的颜色应该适合个人肤色和衣橱中的其他服装，而清洗方式则需要考虑面料的保养和寿命。

（三）裁剪和缝制

裁剪和缝制是男装高级定制衬衫制作过程中非常重要的步骤，直接关系到衬衫的质量和合身程度。根据客户的身形和选购的面料进行裁剪，并按照客户的需求进行缝制。每一件衬衫都需要经过多道工序才能完成，这需要精细的手工操作和专业的缝制技术。通过精湛的技术和注重细节的工作，裁缝师可以制作出高品质、高舒适度和高合身度的男装高级定制衬衫。以下是一些关于男装高级定制衬衫的裁剪和缝制的重要信息：

裁剪：裁剪是男装高级定制衬衫制作过程中最重要的步骤之一。在这个阶段，裁缝师会根据客户的身形测量结果，用纸样在面料上剪下衬衫的各个部分，包括领子、袖子、前襟、后背、侧片等。然后将各个部分拼接在一起，形成衬衫的初步轮廓。

缝制：缝制是男装高级定制衬衫制作的另一个重要阶段。在这个阶段，裁缝师会将已经裁剪好的各个部分缝合在一起，并且进行一系列的手工调整和修整，以确保衬衫与客户的身形完美贴合。在缝制的过程中，裁缝师还会注重一些细节问题，如缝线的颜色、线迹的平整度、纽扣的精致度等。

（四）修改样式

定制衬衫的过程中，客户可以根据自己的喜好和需求，对衣服的细节，例如衣袖长度、衣长、领口形状等进行修改。通过个性化的设计来打造一件符合自己风格和需求的衬衫。

以下是一些常见的男装高级定制衬衫样式修改方式：

领型：领型是衬衫的重要组成部分之一，可以根据客户的脸型、身形和个人喜好来进行调整。常见的领型有宽领、翼领、领角分明等，客户可以根据自己的需求选择合适的领型。

袖型：袖型也是衬衫的重要组成部分之一，可以根据客户的身形和个人喜好来进行调整。常见的袖型有短袖、长袖、圆袖、方袖等，客户可以根据自己的需求选择合适的袖型。

挂肩：挂肩是指衬衫肩部的设计，可以根据客户的肩部形状和个人喜好来进行调整。常见的挂肩有平肩、斜肩、垂肩等，客户可以根据自己的需求选择合适的挂肩。

纽扣：衬衫的纽扣也可以根据客户的需求进行调整，如选择不同材质、颜色、形状等的纽扣来增加衬衫的个性化设计。

衣袋：衣袋是指衬衫上的口袋，可以根据客户的需求增加或减少口袋，或选择不同的口袋形状和大小。

（五）试穿调整

定制衬衫完成后，客户可以进行试穿，并提出自己的建议和意见，以确保衬衫完美贴合身体，展现最佳的效果。如果需要调整，定制衬衫的专业顾问将会进行修改，直到客户满意为止。男装高级定制衬衫的试穿调整非常重要，顾客应该在试穿过程中，认真注意自己的感觉和需求，并积极与定制师沟通，确保最终的衬衫效果符合自己的期望。

以下是男装高级定制衬衫的试穿调整步骤：

确认领口：试穿衬衫时，首先需要确保领口贴合顾客的颈部，并且不会感到过紧或过松。如果领口过紧，可以要求调整或更换领口大小；如果领口过松，则需要进行调整或者重新定制。

确认肩部：试穿衬衫时，肩部的位置和大小是关键点之一。肩部过宽或过窄都会影响衬衫的贴合效果。如果肩部过宽，可以要求缩窄肩部宽度；如果肩部过窄，则需要调整或重新定制衬衫。

确认袖长：袖子的长度也非常重要，袖子过长或过短都会影响衬衫的外观效果。如果袖子过长，可以要求调整袖子长度；如果袖子过短，则需要重新定制。

确认腰围和腰长：试穿衬衫时，腰围和腰长也需要被注意。如果衬衫太紧，可以要求松弛一些；如果太松，则需要调整腰围的大小。

确认整体效果：试穿衬衫后，还需要注意整体的效果，是否舒适自然，是否贴合身形等。如果整体效果不理想，可以进行调整或者重新定制。

（六）质检和调整

完成缝制后，进行质检，确保衬衫的质量和尺寸准确无误。如果需要，还可以进行一些微调，以确保衬衫的舒适度和外观质量。在男装高级定制衬衫制作过程中，质检和调整是非常重要的环节，这有助于确保最终的衬衫质量和顾客满意度。

首先，在衬衫制作完成后，定制师应该进行全面的质检，检查衬衫的每个细节，包括面料、纽扣、线头、缝合等，以确保没有任何质量问题。如果存在任何质量问题，定制师应该及时进行调整或重新制作。

其次，在质检合格后，定制师应该邀请顾客进行试穿，并询问它们的意见和反馈。如果顾客发现衬衫存在任何问题，定制师应该及时进行调整，确保最终的衬衫效果符合顾客的期望。这些调整可能包括修改尺寸、调整面料或纽扣、重新缝合等。

最后，定制师应该对调整后的衬衫进行二次质检，以确保所有问题都得到妥善解决，并且衬衫质量达到高水平。只有在经过全面的质检和调整后，衬衫才能最终交付给顾客，确保顾客对衬衫的满意度和信心。

经过以上步骤，定制衬衫完成，可以交付给客户。客户可以在试穿后，提出修改意见或者确认衬衫无误后领取。男装高级定制衬衫的定制完成并不仅仅是指衬衫的制作完成，而是指所有工作都完成，并且顾客对衬衫满意，可以正式交付给顾客了。在定制师和顾客的共同努力下，定制师根据顾客的要求和个人体型，设计出最适合顾客的衬衫款式和细节，选择最适合顾客的面料，并进行尺寸测量、裁剪、缝制、试穿调整等一系列工作。定制师还在整个制作过程中，时刻保持与顾客的沟通，以确保最终的衬衫能够满足顾客的要求和期望。当定制师确认衬衫质量和效果完美无缺，并得到顾客的认可和满意，衬衫就可以正式交付给顾客了。这时，顾客可以享受到一件完全按照自己需要和要求定制的高品质衬衫，穿着舒适，款式独特，而且具有个性化的特色。同时，定制师也会妥善保存顾客的测量数据和衬衫样版，以便下次定制时参考。

男装高级定制衬衫的流程需要经过多个环节，其中每个环节都需要精细的手工操作和专业的技术，以确保衣服的舒适度和外观质量。定制衬衫是一项非常个性化的服务，可以满足客户对衣服款式、面料和细节等多方面的个性化需求，让客户穿出自己的独特风格。

第二节　定制衬衫流程中的人体测量

衬衫定制是一个复杂的过程，其中人体测量和信息采集是至关重要的环节。这一过程不仅需要专业的技术和知识，还需要与客户的有效沟通和协作，衬衫量体清单可以参考表 1-1。

表 1-1 衬衫量体订购单

订 单 信 息					
订单编号		定制量		试穿日期	
面料编号		量体日期		交货日期	
客户基本信息		**量体信息（cm）**			
客户姓名		部 位	净尺寸	加放量	成衣尺寸
客户单位		后中长			
身 高		前衣长			
体 重		肩 宽			
性 别		胸 围			
年 龄		腰 围			
试衣号型		腹 围			
联系方式		臀 围			
E-mail		袖 长			
业务人员		臂 围			
量 体 师		手腕围			
收货方式		领 围			
收货地址		袖肘围			
		前胸宽			
		后背宽			

款式信息						
领型	立领 [2号] ☐	中方领 [4号] ☐	时尚领 [5号] ☐	领尖扣领 [11号] ☐	经典硬领 [5号] ☐	一字领 [7号] ☐	大八字领 [8号] ☐
袖克夫	圆袖头 ☐	斜角袖头 ☐	直角袖头 ☐	法式圆袖头 ☐	圆双扣袖头 ☐	斜角双扣袖头 ☐	法式直袖头 ☐

口袋			后片		下摆	门襟	
尖袋1 ☐	尖袋2 ☐	直角袋 ☐	后无褶 ☐	后中褶 ☐	圆下摆 ☐	普通门襟 ☐	法式暗门襟 ☐
圆袋 ☐	直角袋 ☐		两边褶 ☐	两边收省 ☐	平下摆 ☐	明门襟 ☐	

首先，进行测量前需要进行客户的身体评估。这包括客户的身高、体重、肩宽、胸围、腰围、臀围和颈围等方面。这些数据能够帮助客户选择合适的面料和设计，以及确保衬衫的合适度和舒适度。

其次，需要进行身体各部位的精确测量。这包括颈围、肩宽、臂长、腕围、胸围、腰围、臀围、袖长和衣长等方面。测量过程需要准确、精细，以确保衬衫的剪裁和制作符合客户的要求和身体特征。

针对不同客户的身体特征和偏好，还需要进行额外的信息采集。例如，如果客户有特殊的身体特征或衬衫风格的偏好，需要收集更多的信息，以确保衬衫的合适度和舒适度。

对于一些更高端的衬衫定制服务，信息采集过程也许会更精细。例如，有些高端的衬衫定制服务将使用 3D 扫描仪器来捕捉客户身体的几何形状。这些仪器将能够提供更精确的测量数据，以及客户的身体曲线和轮廓的更详细信息。

人体测量和信息采集是衬衫定制过程中的重要步骤，确保衬衫的合身性和舒适度，以下是一些关于衬衫定制的人体测量和信息采集的重要内容。

一、人体测量

人体测量是衬衫定制过程中的关键步骤，其目的是获取客户的身体尺寸和形态数据，以便制作合身的衬衫。通常需要测量的身体部位包括领围、胸围、腰围、袖长、肩宽、腰长、臀围等。在进行测量时，需要使用专业的测量工具，例如卷尺、肩宽板、袖长板等，以保证测量结果的准确性。

（一）卷尺

卷尺是一种测量长度的工具，通常由一根可卷曲的带子和一个固定刻度尺组成。卷尺的带子通常是可伸缩的材质，例如聚合物塑料，可以方便地卷起来收纳。卷尺的固定刻度尺一般被刻上英寸、厘米或两种单位的刻度，方便使用者进行长度的测量。

卷尺通常有两种类型：软尺和硬尺。软尺是一种可以弯曲和卷曲的卷尺，适用于需要测量曲线或不规则形状的物体。硬尺则是一种无法弯曲的卷尺，通常用于测量直线或规则形状的物体。

在使用卷尺进行测量时，需要将卷尺的一端固定在需要测量的物体上，然后拉伸卷尺并读取刻度尺上的数字来确定长度。为了保证测量的准确性，卷尺的带子通常需要保持平直，并紧贴需要测量的物体表面。

（二）肩宽板

肩宽板是一种用于测量人体肩宽的工具，通常由两块直立的木质板或塑料板组成。肩宽板的长度通常为50~60cm，宽度为10~15cm。肩宽板的两个板面均为平面状，并有一个或多个刻度尺用于测量。

使用肩宽板时，使用者站直，将肩宽板从后方置于被测者肩部，肩宽板的两侧板面分别贴紧其两侧的肩膀。然后读取肩宽板上的刻度尺上的数字，以测量肩宽。

肩宽板广泛应用于服装制作、体育训练、医学等领域。在服装制作中，肩宽是衣服设计的重要参数之一，肩宽板可以帮助设计师测量不同尺寸和体型的人体肩宽，以制作更加合身的衣服。在体育训练中，肩宽板可以帮助教练和运动员测量肩宽和背宽等身体参数，以制定更加科学合理的训练计划。在医学领域，肩宽板可以用于测量肩宽和肩胛骨的位置，以帮助诊断和治疗肩部相关疾病。

（三）袖长板

袖长板是一种测量人体袖长的传统工具，它在服装制作、体育训练、医疗等领域都得到了广泛的应用。在服装制作中，袖长是一个十分关键的尺寸，尤其是对于定制服装来说，袖长必须精确测量，以确保服装的舒适度和穿着效果。因此，袖长板是服装设计师、裁缝师和定制服装店常用的测量工具之一。

袖长板的使用非常简单，使用者只需将其放置在被测者手臂上，通过对比袖子长度和袖长板的长度来确定袖长。袖长板上的刻度尺通常分为厘米和英寸两种单位，方便不同国家和地区的使用者进行测量。

除了袖长之外，袖长板也可以用来测量其他身体参数，例如手臂长度和手腕周长等。在体育训练和医疗领域，袖长板也常用于测量运动员的臂长和手腕周长，以及评估患者的肌肉和关节功能。

总之，袖长板是一种简单而实用的测量工具，具有广泛的应用领域和重要的作用。在日常生活和工作中，它可以帮助我们准确测量身体尺寸和参数，为我们提供更舒适和适合的服装。

二、信息采集

除了人体测量，信息采集也是衬衫定制的重要步骤。信息采集的内容包括客户的个人信息、风格偏好、穿着用途等。客户的个人信息包括姓名、年龄、职业等基本信息，这些信息有助于了解客户的身份和需求。客户的风格偏好包括衬衫的颜色、图案、领型、袖型、口袋等设计要素，这些信息有助于设计师为客户量身定制出符合其需求和风格的衬衫。客户定制服装的用途包括衬衫的穿着场合、季节等，这些信息有助于制作出符合客户需求的舒适度和适应性的衬衫。

此外，从服装数据来看，信息采集的具体内容包括肩宽、领围、袖长、胸围、腰围、臀围、袖口围等多个方面，下面将对这些内容进行详细介绍。

首先，肩宽是衬衫定制中最重要的尺寸之一，因为肩宽直接影响到衬衫的整体合适度和舒适度。测量肩宽的方法是将卷尺从一侧肩端点过后颈肩点到另一侧肩端点处，这个长度即为肩宽。

其次，领围是指衬衫领子的围长。测量领围的方法是将卷尺从颈中央开始沿着颈部围绕一圈，围绕的长度即为领围。在测量领围时，应注意卷尺不要过紧或过松。

袖长也是衬衫定制中重要的尺寸之一，它指的是从肩膀顶点到袖口的长度。测量袖长的方法是将卷尺从肩膀顶点开始沿着手臂内侧垂直测量到手腕骨处的长度。在测量时，要确保手臂伸直且肩膀放松。

胸围是指穿着衬衫时胸部最宽处的围长。测量胸围的方法是将卷尺在胸部最宽处水平绕一圈，围绕的长度即为胸围。

腰围是指穿着衬衫时腰部最宽处的围长。测量腰围的方法是将卷尺在腰部最宽处水平绕一圈，围绕的长度即为腰围。

臀围是指穿着衬衫时臀部最宽处的围长。测量臀围的方法是将卷尺在臀部最宽处水平绕一圈，围绕的长度即为臀围。

袖口围是指袖口的围长。测量袖口围的方法是将卷尺在袖口处水平绕一圈，围绕的长度即为袖口围。

在衬衫定制的过程中，人体测量是非常重要的一步，而信息采集则是人体测量后必要的步骤，用于记录顾客的身体数据以及定制衬衫的各种要求。对于顾客来说，通过仔细的人体测量和详细的信息采集，能够得到更加贴合自己身体的定制衬衫，获得更好的穿着体验。

综上所述，人体测量和信息采集是衬衫定制过程中不可或缺的两个步骤。通过专业的人体测量和详细的信息采集，可以为顾客提供更加贴合身体的定制衬衫，提高衬衫的舒适度和穿着效果，同时也可以保证衬衫的细节和款式与顾客的要求一致。因此，在衬衫定制的过程中，需要给予足够的重视和关注。

三、新型量体设备和装置

近年来，随着科技的发展和应用，越来越多的量体设备和装置应运而生，人们在进行衣物定制时，能够更加精确地测量身体尺寸和形状，从而得到更贴合自己身材的衣物。下面将介绍一些新型量体设备和装置，以及它们的特点和优势。

（一）3D 身体扫描仪

3D 身体扫描仪是一种新型的量体设备，可以精确地测量身体各个部位的尺寸和形状。用户只需站在扫描仪前方，机器就会自动扫描身体，然后生成一个完整的 3D 身体模型。这种设备的优点是非常快速和准确，可以在短时间内收集大量数据，同时也可以避免人为误差，提高了量体的精度。这种设备可以测量出身体的各项尺寸，非常适合于衣物的定制。

3D 身体扫描仪是一种使用激光或摄像机等设备进行身体测量的技术。它可以快速准确地获取身体尺寸和形状的数据，为定制服装、健康管理、人体医学研究等领域提供了重要的工具。以下是 3D 身体扫描仪的优点和缺点：

◆ **优点：**

准确性高：3D 身体扫描仪可以准确地测量身体的长度、宽度、厚度、体积等各种参数。相比传统的手工测量方法，它更加精确、快速，减少了人为误差。

高效性：使用 3D 身体扫描仪进行测量可以大大提高测量的速度和效率。只需要在几秒钟内完成扫描，数据可以立即传输到计算机上进行处理，节省了大量的时间和人力成本。

可重复性好：使用 3D 身体扫描仪进行测量可以确保数据的一致性和可重复性。相比手工测量方法，它可以避免由人为因素引起的误差，确保测量结果的一致性。

非接触性：3D 身体扫描仪是一种非接触式测量技术，不需要直接接触被测物体，避免了传统测量方法可能带来的不适和痛苦。

◆ **缺点：**

成本高：3D 身体扫描仪的成本较高，这使得它在一些场合难以普及和推广。特别是在中小型企业或个人用户中，成本可能成为使用 3D 身体扫描仪的一大障碍。

需要技术支持：3D 身体扫描仪需要专业的技术人员进行操作和维护，这也限制了它的普及和推广。

受限于环境：3D 身体扫描仪对测量环境的要求比较高，需要在稳定的环境中进行测量，避免光线、空气流动等因素的影响。这可能会限制它的应用范围和使用场合。

数据处理复杂：3D 身体扫描仪获取的数据需要进行后续的处理和分析，这需要专业的软件和技术支持。如果没有相应的技术和资源，这可能会成为使用 3D 身体扫描仪的一大难点。

（二）智能量身镜

智能量身镜是一种结合了 3D 扫描技术和虚拟现实技术的新型量体设备。使用智能量身镜可以在短时间内获得高度准确的身体尺寸信息，并实现实时可视化效果，客户可以在虚拟环境中直接看到不同款式的衬衫效果，更好地了解自己的需求。

智能量身镜是通过镜子上的摄像头和特殊软件，能够实时测量客户的身体尺寸和形状，为衣服的定制提供精确的数据。以下是智能量身镜的优点和缺点：

◆ **优点：**

快速准确：相较于传统的人工测量方式，智能量身镜可以在短时间内快速、准确地测量客户的身体尺寸和形状。这不仅可以提高工作效率，同时也可以减少由人工测量误差导致的衣服不合身的问题。

客户体验好：智能量身镜通过科技手段提升了量身过程的舒适性和便捷性，客户可以在不脱衣服的情况下完成测量，避免了传统量身方式的尴尬和不适感，提升了客户的体验和满意度。

数据保存方便：智能量身镜可以将客户的身体数据保存在系统中，方便客户在日后再次订购衣服时使用，也可以用于更好地跟踪客户体型变化和提高定制的精确度。

◆ **缺点：**

设备成本高：智能量身镜的设备成本相对较高，对于一些小型定制企业而言，可能会面临较大的财务压力。

技术依赖性强：智能量身镜的测量结果受到设备性能和软件算法的影响，对于技术不过硬的定制企业来说，可能需要一定的学习和适应时间。

个人隐私问题：智能量身镜需要通过拍摄客户的全身图像来实现测量，可能会引起客户个人隐私方面的担忧和顾虑，需要企业在使用过程中加强保护措施。

（三）量身机器人

量身机器人是一种全自动测量设备，通过机器人的机械臂对人体进行测量。量身机器人可以快速、准确地测量身体尺寸和形状，并将数据传输到计算机上，生成 3D 模型。这种设备不仅可以用于衣物定制，还可以用于医疗领域等。

量身机器人是一种基于人工智能和机器学习技术的新型量体设备，能够自动进行人体测量和数据分析，为顾客提供个性化定制服务。它的优点和缺点如下：

◆ 优点：

高度精确：量身机器人采用激光、雷达等高精度传感器和多种算法进行人体测量，精度比传统手工测量高。

快速便捷：量身机器人可实现快速自动测量，省去传统手工测量所需的等待时间和劳动力成本，提高了定制效率。

个性化服务：量身机器人能够通过数据分析和机器学习技术，为顾客提供更加个性化的量身和定制服务。

数据化管理：量身机器人采用数字化技术，可以对测量数据进行保存和管理，方便后续量身和定制操作。

创新体验：量身机器人是一种创新的定制服务体验，可以吸引更多年轻顾客前来尝试。

◆ 缺点：

成本高昂：量身机器人技术尚处于发展阶段，设备和软件开发成本较高，导致产品价格相对较高。

技术要求高：量身机器人的应用需要专业的技术人员进行操作和维护，因此使用门槛较高。

空间需求大：量身机器人的体积较大，需要相应的空间来安装和使用，限制了其在某些场所的应用。

适用性受限：量身机器人的测量范围和精度受到硬件和算法的限制，对于某些复杂的体型和个体特征，可能无法精确测量。

总的来说，量身机器人是一种具有创新性的定制服务体验，能够满足消费者个性化的需求，但是由于技术和成本等因素的限制，目前还存在一些局限性。随着技术的不断发展和成本的下降，量身机器人在未来可能会得到更广泛的应用。

（四）智能尺

智能尺是一种结合了传感器和智能算法的工具。使用者只需将智能尺固定在身体上，就可以通过传感器自动测量身体尺寸，并将数据传输到手机或计算机上进行处理。智能尺体积小巧、易于携带，适合个人使用。

◆ 优点：

精度高：智能尺可以通过传感器实时测量出被测物体的尺寸，并且精度高，避免了手动测量带来的误差。

操作简便：使用智能尺进行量体时，只需要将其放置在被测物体的两端，然后读取测量结果即可，操作非常简单。

速度快：智能尺的测量速度很快，可以在短时间内完成多次测量，并且不需要进行繁琐的数据录入和计算。

数据准确：智能尺可以将测量数据直接传输到电脑或者智能手机等设备中，保证数据的准确性和可靠性。

◆ 缺点：

测量范围有限：智能尺的测量范围通常较小，只适用于一些小尺寸的物体测量，不适用于大型物体的测量。

成本较高：智能尺的成本相对较高，对于个人用户来说，可能不太实用。

需要电源支持：智能尺需要电源支持才能工作，如果没有电源或电池电量不足，就无法进行测量。

受环境影响：智能尺的测量精度受环境影响较大，如温度、湿度等因素都可能影响测量结果的准确性。

（五）线激光测量仪

线激光测量仪是一种使用激光技术来测量身体尺寸的设备。这种设备通过发射一条激光线来扫描身体表面，然后使用计算机处理数据，计算出身体的各个部位的尺寸。线激光测量仪具有非常高的精度和准确度，可以测量出非常精细的身体尺寸信息，适用于高端量体和定制服装。其优点和缺点如下：

◆ 优点：

精度高：线激光测量仪具有非常高的精度，可以测量出毫米级别的尺寸和距离，非常适合用于衣服的量体测量。

速度快：线激光测量仪可以在短时间内进行快速测量，不需要等待太长时间，适用于大量量体的情况。

精度不受环境干扰：线激光测量仪使用的激光线不会受到环境的影响，例如光照强度、温度等，因此可以在不同的环境下进行测量。

可远距离测量：线激光测量仪可以在相对较远的距离上进行测量，因此可以应用于不同的场合，如户外活动等。

◆ 缺点：

价格高：线激光测量仪价格相对较高，不适合个人用户购买。

需要技术支持：使用线激光测量仪需要一定的技术支持和操作经验，否则可能无法正确进行测量。

测量距离有限：线激光测量仪在远距离上的测量精度会有所下降，因此在某些情况下可能不适用。

容易受到振动干扰：线激光测量仪容易受到外部振动干扰，这可能导致测量结果的偏差，因此需要在稳定的环境下进行测量。

（六）触控式量体仪

触控式量体仪是一种使用触控技术来测量身体尺寸的设备，用户只需使用手指触摸设备屏幕上的各个点就可进行测量。触控式量体仪（Touchscreen Measuring System）是一种采用先进技术制造的量体设备。它通常由一台电脑、触控屏幕、测量软件和测量装置组成，可以用于测量身体各部位，如颈围、胸围、袖长、肩宽、腰围、臀围、裤长等的尺寸。

触控式量体仪的工作原理是在触控屏幕上显示一个身体模型图，用户通过触控屏幕上点选需要测量的部位，然后使用测量装置进行测量。测量完成后，设备会自动保存数据并进行数据处理，显示出详细的测量结果。

触控式量体仪在使用过程中可以实现快速、准确、高效的量体，可以避免传统手动量体的不便和误差。此外，触控式量体仪还可以保存客户的测量数据，方便客户下次使用时直接调用。

◆ **优点：**

测量准确：使用先进的测量技术，避免了传统手动量体的误差。

操作简便：通过触控屏幕上的点选按钮，选择需要测量的部位，用户可以轻松进行量体操作。

快速高效：测量过程快速高效，大大提高了量体的效率和客户体验。

数据保存：可以保存客户的测量数据，方便客户下次使用时直接调用。

◆ **缺点：**

依赖电源：触控式量体仪需要连接电源才能正常工作。

昂贵：与传统手动量体工具相比，触控式量体仪价格较高。

不适合复杂场景：在复杂的场景下，如多人同时量体、量体过于复杂等情况下，触控式量体仪的使用可能会受到限制。

总的来说，触控式量体仪是一种先进、高效、准确的量体设备，具有操作简单、快速高效和数据保存等优点。虽然它的价格较高，但在传统手动量体工具不能满足需求的情况下，触控式量体仪是一种很好的选择。

第二章 男衬衫的分类

第一节 衬衫的款式与类别

一、衬衫元素的历史信息

衬衫作为一种常见的服装，经历了漫长的历史发展过程。从古代的贴身内衣，到现代的时尚和多样化选择，衬衫不断演变和适应时代的需求。它在功能性、设计、面料选择和个性化定制等方面不断改进和创新，成为人们衣橱中必不可少的一部分。无论是正式场合还是休闲时刻，衬衫都展现着时尚与品位，成为人们衣着风格的重要组成部分。

（一）衬衫的发展历程

古代：古代衬衫的起源可以追溯到古埃及、古希腊和古罗马等古代文明。在这些文明中，衬衫起初作为贴身内衣的角色，用于提供舒适度和保护。古埃及的衬衫以细薄的亚麻布制成，装饰着华丽的图案和绣花，被视为贵族的象征。在古希腊和古罗马，衬衫则以棉或麻布为主要材料，面料、款式和细节设计的不同反映出人们不同的社会地位。

在古代中国，衬衫的历史同样悠久。早期的中国衬衫以丝绸为主要面料，追求简约而优雅的设计风格。衬衫被广泛穿着于宫廷、贵族成为展示身份和品位的象征。

古代衬衫的演变和发展与文明的交流和发展密切相关。随着贸易和文化交流的增加，衬衫的样式、设计和材料选择逐渐丰富多样。古代巴比伦、印度和波斯等地区也有各自独特的衬衫文化，其中的装饰和细节反映了当地文化和风俗。

中世纪：中世纪衬衫是在欧洲中世纪时代流行的服装。它们是宽松而长袖的贴身上衣，常用棉或麻布制成。衬衫的设计简单，有宽松的剪裁和宽松的领口。在早期，装饰相对简单，后来逐渐出现了金线刺绣、珠宝装饰和蕾丝边等华丽装饰。

中世纪衬衫在欧洲社会具有广泛的影响力。它不仅是一种服装，还是社会地位和身份的象征。在宫廷和贵族社会中，衬衫的质地、装饰和款式凸显了高贵和富裕的地位。与此相对，农民和工人穿着简单的衬衫，注重实用性。中世纪衬衫还体现了当时的审美观念，展示了人们对装饰和细节的追求。此外，中世纪衬衫在时尚和社会文化中发挥了重要作用，为后来时代的衬衫演变和发展奠定了基础。中世纪衬衫作为贴身内衣或外穿上衣使用，适合各种场合。

文艺复兴时期：文艺复兴时期（14世纪末至17世纪初）的衬衫在欧洲社会中发生了变化。衬衫的设计更加精致，剪裁贴身，注重细节和装饰。衬衫使用了更多种类的面料，如丝绸和绒面布。装饰和细节方面，刺绣、绣花和蕾丝边成为常见的装饰元素。衬衫也成为社会地位和时尚品位的象征，贵族和富裕阶层选择昂贵的面料和精美的装饰来展示其地位。文艺复兴时期的衬衫对后世衬衫的发展产生了深远影响，成为时尚设计的重要源泉

在文艺复兴时期，衬衫的演变与社会、经济和文化的变化密切相关。随着贸易的繁荣和丝绸之路的开辟，新的面料和装饰品开始进入欧洲市场，丰富了衬衫的选择。人们对艺术和美学的追求促使衬衫的设计变得更加精致，从简单的功能服装转变为艺术品。

文艺复兴时期的衬衫不仅是时尚的象征，也是社交场合中展示个人品位和身份的方式。人们追求独特的款式和装饰，以彰显自己的与众不同。衬衫上的刺绣和装饰以富丽堂皇的花卉、动物和几何图案为主，展现了文艺复兴时期的艺术风格。

衬衫的演变也受到时代潮流和历史事件的影响。文艺复兴时期的人文主义思潮崛起，对古典时代的追求影响了衬衫的设计，呈现出希腊罗马艺术的影子。同时，大航海时代的开启带来了东方文化的影响，使衬衫的款式和装饰更加多样化。

文艺复兴时期的衬衫对后世的时尚和服装设计产生了深远的影响。其精致的剪裁和装饰元素成为后来衬衫的灵感来源，延续至今。文艺复兴时期的衬衫不仅代表了当时的时尚趋势，也是欧洲文化复兴的象征，展示了人们对艺术、美学和个人表达的追求。

在文艺复兴时期，衬衫开始在欧洲流行起来，并逐渐成为上层社会的时尚潮流。衬衫的设计变得更为精致，经常有华丽的装饰和绣花，常常用细薄的织物制成，贵族和富有人士还可能使用丝绸和亚麻布料。

18世纪：衬衫变得更为复杂，采用了更多的细节和装饰。男士的衬衫通常有高领和长袖，而女士的衬衫则更加花哨，常常配有蕾丝和褶皱。这一时期是衬衫演变的一个重要时期，经历了设计、面料、装饰和社会地位等方面的变化，对后世的时尚和服装发展产生了深远影响。

在18世纪，衬衫的设计更加精致和优雅。宽松的剪裁使衬衫更舒适，适合当时的贵族社会和宫廷生活。衬衫的袖口、领口和下摆处装饰着精美的蕾丝、绣花和刺绣等细节，展现了时尚和品位。面料方面，衬衫常采用高品质的亚麻布和丝绸，更加华丽和质感上乘。此外，衬衫注重装饰和细节的精致程度。精美的绣花、刺绣和蕾丝边常出现在衬衫的领口、袖口和下摆处，增添了华丽和浪漫的氛围。这些装饰元素的运用使衬衫成为贵族和富裕阶层展示社会地位和时尚品位的重要标志。

18世纪的衬衫不仅是时尚的象征，也反映了当时欧洲社会的审美观念和文化风尚。贵族和富裕阶层选择昂贵的面料和精美的装饰，以彰显自己的地位和财富。衬衫的款式和装饰受到宫廷和贵族社会的影响，成为时尚潮流的引领者。此外，当时的衬衫设计对后世的时尚发展产生了重要影响。它们的精致剪裁、华丽装饰和注重细节的风格在后来的时装设计中得到延续，成为时尚史上的重要里程碑，为现代衬衫的款式和装饰提供了灵感和参考。

总的来说，18世纪的衬衫在设计、面料、装饰和社会地位方面呈现出更加精致和华丽的特点。它们作为社会地位的象征和时尚的表达，反映了当时欧洲社会的审美观念和文化风尚。同时，18世纪的衬衫对后世的时尚演变产生了深远的影响，成为时尚史上的重要里程碑。

19世纪：19世纪的维多利亚时代，衬衫成为男性正式服装的一部分。白色衬衫开始普及，成为正式场合和商务场合的常见选择。此时，男士的衬衫开始采用翻领和扣子，以及袖扣作为装饰。

19世纪的衬衫设计注重实用性和舒适性，采用宽松的剪裁和舒适的衣袖，适合日常穿着。领口和袖口的设计变得简约，不再过分夸张。衬衫的下摆也更加整齐。在面料方面，衬衫开始采用新型的工业化生产的面料，主要是棉布。棉布的使用使衬衫更加平价和普遍，也符合当时工业革命的潮流。此外，丝绸和亚麻布仍然有一定的使用。

19世纪的衬衫装饰相对简单，注重实用性。蕾丝和绣花等装饰减少，袖口和领口可能会有少量的褶皱或细节装饰，以增添些许精致感。衬衫在19世纪仍然作为社会地位和时尚品位的象征。贵族和富裕阶层选择高质量的面料和精致的装饰，以凸显其地位和品位。随着工业革命和社会的发展，中产阶级的兴起也促使衬衫的普及，成为更广泛的社会群体所穿着的日常服装。

19世纪的衬衫设计为后来的时尚发展奠定了基础。它们注重实用性和舒适性的特点对后世的衬衫设计产生了影响。其款式和剪裁仍然对现代衬衫具有一定的影响，成为后世时装设计的重要参考。

20世纪：衬衫的设计和样式变得更加多样化。女性的衬衫开始在时尚界崭露头角，采用不同的剪裁和面料，如丝绸、棉质和合成纤维。男性的衬衫也有更多的选择，包括不同的颜色、图案和款式。

在设计、面料和流行趋势方面经历了显著的变化和创新。衬衫的设计变得更加多样化和个性化。剪裁上出现了不同的款式选择，如传统的直筒款式、修身款式和宽松的休闲款式，以适应不同的场合和时尚需求。

面料方面，20世纪的衬衫选择更加广泛，包括棉布、亚麻布、丝绸和合成纤维织物等。科技和纺织技术的进步使得面料具备更多的功能性，如防皱、透气和吸湿排汗等。装饰和细节方面，20世纪的衬衫注重个性化和时尚性。除了传统的领口和袖口装饰，衬衫开始出现各种不同的细节设计，如口袋、纽扣、绣花和图案印花等，增加了衬衫的时尚感和个性化。

20世纪的衬衫逐渐普及，并成为大众化的服装选择。不再局限于贵族和富裕阶层，衬衫成为社会地位无关的时尚单品，适用于各个社会阶层。同时，衬衫的流行趋势受到流行文化、音乐、电影等的影响，出现了牛仔衬衫、迷彩衬衫、花纹衬衫等不同的风格和潮流。

20世纪的衬衫设计和流行趋势对后来的时尚发展产生了重要影响。不同款式、面料和装饰元素为后世的衬衫设计提供了丰富的参考和灵感。同时，20世纪的衬衫成为经典的时尚单品之一，不断被重新诠释和演变。

总的来说，20世纪的衬衫在设计、面料和流行趋势方面经历了显著的变化和创新。它们的多样性、个性化和大众化特点成为现代时尚的重要组成部分，为后世的衬衫设计和时尚发展提供了重要的影响和启示。

21世纪：这个时期涵盖了现代时尚发展中衬衫的演变和创新。21世纪，衬衫的设计、面料和流行趋势经历了许多显著的变化和发展。以下是关于这个时期衬衫的

简化总结:

设计和剪裁:设计呈现出更多的多样性和个性化。除了传统的直筒款式、修身款式和宽松的休闲款式,还出现了更多创新的剪裁选择,如宽松的超大号款式、不对称剪裁、拼接设计等。衬衫的设计注重突出个人风格和时尚感。

面料和技术:面料选择更加广泛和创新。传统的面料如棉布、亚麻布和丝绸仍然得到广泛应用,同时新型面料如聚酯纤维、尼龙和莱卡等合成纤维织物也得到采用。技术的进步使得衬衫面料具备更多的功能性,如抗皱、吸湿排汗、防晒等。

装饰和细节:装饰和细节设计更加多样化和精致化。除了传统的领口和袖口装饰,还出现了更多的装饰元素,如亮片、刺绣、印花、立体贴花等。衬衫的细节设计注重个性化和品牌特色。

流行趋势和时尚风格:流行趋势和时尚风格多种多样,受到流行文化、社交媒体和时尚品牌的影响。不同的风格和潮流,如街头风、复古风、简约风、运动休闲风等,都在当代衬衫中得到体现。个性化和定制化的趋势也日益流行。

可持续性和环保意识:设计越来越注重可持续性和环保意识。许多品牌和制造商采用环保面料和生产工艺,推广可持续发展的理念。衬衫的设计和生产过程更加关注资源利用和环境保护。

如今衬衫已经成为人们日常穿着的重要组成部分。衬衫的设计和风格随着时尚潮流的变化而不断演进,同时也有越来越多的可持续和环保的衬衫选择。现在的衬衫设计多样,适应了各种不同的场合和风格需求。在男性衬衫方面,常见的款式包括传统的正装衬衫、休闲衬衫、牛津纺衬衫和领带衬衫等。它们可以由不同材质制成,如棉质、麻质、丝绸或合成纤维,以满足不同季节和气候条件下的穿着需求。

此外,现代技术的进步为衬衫的制造和设计带来了新的可能性。计算机辅助设计、3D打印和可持续材料的应用使得衬衫的制作更加精确和高效。同时,衬衫的生产和消费也开始注重可持续性和环保,推动了可持续时尚的发展。

总体而言,衬衫作为一种重要的服装单品,经历了漫长的历史演变。它从最初的实用功能发展为时尚潮流的一部分,同时也反映了社会和文化的变迁。无论是在商务场合、正式场合还是休闲时尚中,衬衫都扮演着重要的角色,并且不断适应着时代的需求和风格的变化。

(二)男装高级定制衬衫的历程

男装高级定制衬衫的起源可以追溯到维多利亚时代的英国。当时,绅士们对于个人形象和服饰的重视增加,它们追求更加合身和优质的衬衫。到19世纪中叶,伦敦成为男装高级定制衬衫的中心。此后,高级男衬衫经历了漫长的发展和变革。

起源和初期发展:高级男衬衫的起源可以追溯到19世纪中叶。当时,随着工业革命的推进,人们对于服装品质和风格的要求不断提高。男士们开始注重穿着的细节和品质,高级定制衬衫应运而生。衬衫的制作过程非常精细,每一件衬衫都根据顾客的身形进行量身定制,然后由经验丰富的裁缝师傅亲手制作。

工业化和标准化:20世纪初期,随着工业化的兴起,高级男衬衫的制作方式发生了变化。大规模生产和机械化生产使得衬衫的制作更加高效和经济,同时也降低了成本。衬衫的生产过程开始标准化、尺码规格化,使得消费者可以更方便地购买适合自己的衬衫。

个性化和定制化回归:20世纪后半叶,随着消费者对个性化和独特性的追求增加,高级男衬衫重新受到追捧。定制衬衫店和品牌开始涌现,为顾客提供专业的定制服务。顾客可以根据自己的喜好选择面料、款式、领型、袖型、纽扣和细节装饰,以打造独一无二的衬衫。定制衬衫恢复了衬衫制作的传统工艺和精致手工,为消费者提供了个性化、合身度更高的衬衫体验。

创新和技术发展:在当代,高级男衬衫继续不断创新和发展。面料选择更加广泛和创新,如高品质的棉布、亚麻布、丝绸和合成纤维织物等。技术的进步使得衬衫具备更多的功能性和舒适性,如抗皱、吸湿排汗、透气性等。数字化技术的应用也提高了衬衫的生产效率和精确度,如3D扫描和定制软件等。

可持续性和环保意识:近年来,高级男衬衫的制作越来越注重可持续性和环保意识。许多品牌和制造商开始采用环保面料,如有机棉织物、再生纤维织物和可回收面料等,以减少对环境的影响。同时,生产过程也更加关注资源的合理利用和环境保护,如节能减排和水资源管理等。随着对环境保护和可持续发展意识的增强,男装高级定制衬衫行业也开始关注可持续性。许多品牌和制造商积极采用环保面料、推行可循环利用和减少废弃物的措施,以降低对环境的影响。消费者也更加倾向于购买可持续和环保的衬衫,形成了可持续时尚的新趋势。

影响因素的变化:男装高级定制衬衫的发展受到多个因素的影响。随着社会的变迁和文化的演变,人们对衬衫的需求和审美观念也发生了变化。例如,在20世纪的时尚革命中,年轻一代对传统衬衫款式的束缚不再满足,开始追求更加自由、时尚和前卫的设计。

区域性和文化的影响:不同地区和文化背景对男装高级定制衬衫的发展产生了影响。例如,在英国和意大利等地，传统的手工制作技艺得到了高度的重视，衬衫制作追求精细和优质。而在亚洲市场，如日本和韩国，对于细节和剪裁的关注程度更高，追求简约而精致的设计。

时尚潮流和设计师的影响：时尚潮流和设计师对男装高级定制衬衫的演变也起到了重要作用。设计师的创新和突破性设计推动了衬衫款式的多样化和时尚化。一些知名设计师通过其独特的设计风格和时尚影响力，将男装高级定制衬衫带入了时尚界的焦点。

电子商务和定制平台的兴起：随着互联网的普及，电子商务和定制平台的兴起为男装高级定制衬衫带来了新的发展机遇。消费者现在可以通过在线平台进行定制衬衫的选择和下单，省去了传统定制衬衫店的时间和地域限制。同时，一些定制平台也提供了更多的定制选项和样式，满足不同消费者的需求。

高级男衬衫的历程体现了时尚产业的不断变革和消费者需求的演变。无论是传统的手工定制衬衫还是现代的技术创新款式，高级男衬衫一直是彰显品位、独特性和个性风格的时尚选择。男装高级定制衬衫的发展不仅是时尚产业的一部分，也体现了个体消费者对品质、风格和独特性的追求。随着时代的变迁和技术的进步，男装高级定制衬衫将继续适应消费者需求，融合传统与现代的元素，成为时尚的象征。

（三）衬衫元素的起源与演变

衬衫元素的起源和演变展示了时尚的发展和人们对服装审美的追求。领型经历了从简单到复杂、宽松到修身的变化。袖型从宽大的袖子逐渐演变为修身的设计，并添加了褶皱和装饰性袖口。衬衫的颜色和图案选择也受到时尚潮流和文化影响，从白色衬衫发展到丰富多彩的选择，包括格子、条纹、花卉和几何图案等。面料选择从天然纤维织物扩展到合成纤维织物，提供更多的舒适性和功能性选项。衬衫剪裁在不同时期和文化中经历了宽松到修身的变化，强调个体的体型轮廓。扣子和袖口作为衬衫的重要元素，既具备功能性又起到装饰作用。总体而言，衬衫元素的起源和演变反映了时尚和个人审美的不断变化和多样化。

领型：衬衫的领型起源于古代的领饰，早期用于区分社会地位和阶层。古埃及时期的领型通常是直领，而古希腊和古罗马的衬衫则为折叠领和立领。中世纪时期，领型变得更加宽大和华丽，贵族阶层使用的衬衫领型非常复杂，如倒三角形领型、大型卷领等。到了文艺复兴时期，领型变得更为精细，出现了高领和尖领等风格。

袖型：衬衫的袖型在历史上经历了多次演变。古代的衬衫袖型通常是宽大的，如古希腊的泡袖和古罗马的宽袖。中世纪时期，袖型开始变得更加修身，随着贵族社会的兴起，出现了宽大的泡袖和细长的袖子。在文艺复兴时期，衬衫袖子的设计更加精细，采用了褶皱、蓬松和装饰性的袖口。18世纪末和19世纪初，袖型趋于修身，袖口通常是褶皱或蓬松的。

颜色和图案：衬衫的颜色和图案选择受到时尚潮流和文化影响。早期的衬衫多为白色，因为白色被认为是高贵和纯洁的象征。然而，随着时间的推移，人们开始在衬衫上使用更多的颜色和图案。在中世纪和文艺复兴时期，格子、条纹和印花等图案成为流行。19世纪末和20世纪初，衬衫上出现了更多的花卉图案、几何图案和抽象图案。

面料：早期的衬衫多采用天然纤维织物，如麻织物、棉织物和丝绸。在古代，麻和棉是最常见的面料，因为它们透气、舒适且易于制作。丝绸则被视为一种奢侈品，常用于贵族和富有阶层的衬衫。随着纺织技术的进步，人们开始使用更多的面料，如羊毛织物、亚麻织物、绢丝织物等。近代，合成纤维的发展使得衬衫的面料更加多样化，如聚酯纤维、尼龙和莱卡等织物。

剪裁：衬衫的剪裁方式也随着时代的变迁而演变。早期的衬衫多为宽松的设计，以提供舒适度和便捷性。在欧洲文艺复兴时期，剪裁逐渐变得修身，展现出人体的曲线。18世纪时，衬衫的剪裁逐渐变窄，强调腰部线条和体型轮廓。19世纪末和20世纪初，衬衫的剪裁更加注重合身度和轮廓塑造，男性衬衫采用更加修身的剪裁，女性衬衫则有更多的褶皱和松量。

扣子：扣子在衬衫上的使用起源于古代的装饰纽扣。在古罗马时期，扣子多用于固定衣物。中世纪时，人们开始使用金属纽扣，并在后来发展出木质和骨质的纽扣。18世纪时，金属纽扣成为主流，19世纪末和20世纪初则出现了塑料扣子。扣子不仅作为功能性元素，也成为衬衫装饰的重要组成部分。

袖口：衬衫袖口的设计起源于防止袖子松脱的需要。早期的袖口通常很简单，只是通过褶皱或缝制来固定袖子。随着时间的推移，人们开始在袖口上添加装饰性的细节，如褶皱、扣子和装饰线条。19世纪末和20世纪初，双扣和单扣袖口成为流行的选择，并以不同的形状和细节装饰来展示个人风格。

这些是衬衫元素更详细的起源和演变。衬衫作为一种基本的服装单品，历经历史的变迁和不同文化的影响，其设计和风格多样化，反映了时尚的发展和人们对于服饰的审美追求。

（四）普通衬衫到高级衬衫的发展与演变

普通衬衫到高级衬衫的演变是一个综合性的过程，涉及多个方面的发展和改进。衬衫演变涉及面料质量、剪裁和设计、制作工艺、品牌和设计师影响、个性化定制、线迹和细节处理、独特的图案和印花、制作工艺创新、可持续性和环保考虑，以及功能性设计等方面。这些演变使得高级衬衫在质感、外观和品位上与普通衬衫有所区别，成为时尚和高品质的代表。

剪裁和设计：高级衬衫注重剪裁和设计的精细度。相对于普通衬衫的标准剪裁，高级衬衫通常采用更贴身的剪裁，以更好地贴合人体曲线。同时，高级衬衫还注重设计细节，如特殊的领型、袖型和衣襟设计，以及细致的细节处理，外观上更加独特和精致。

工艺和制作：高级衬衫在制作工艺上更加精细和注重细节。手工缝制是高级衬衫制作的重要环节，通过精湛的缝制技术和无缝份制技术，使衬衫的质量更高。此外，高级衬衫还注重纽扣的选择和细节装饰的处理，例如精致的纽扣、刺绣、蕾丝等，以增加衬衫的奢华感和独特性。

品牌和设计师影响：高级衬衫通常与知名品牌和设计师相关联。这些品牌和设计师通过自身的声誉、创意和品牌形象，为高级衬衫注入更多的时尚元素和独特风格。它们关注品质、创新和设计，推出独特而具有辨识度的高级衬衫系列。

个性化定制：高级衬衫常常提供个性化定制的服务。客户可以根据自己的尺寸、喜好和需求，选择面料、颜色、剪裁和细节设计，定制专属的高级衬衫。这种定制化服务使衬衫更贴合个人风格和需求，进一步提升了高级衬衫的独特性和价值。

线迹和细节处理：高级衬衫注重线迹和细节的处理。

线迹的细致度和一致性对衬衫的外观质量至关重要。高级衬衫可能采用更细的线迹，并且线迹的密度和均匀性更高，以增加精致感。

独特的图案和印花：高级衬衫可能使用独特的图案和印花来营造个性化和艺术化的风格。这些图案和印花可以是几何图案、植物图案、动物图案等，以及艺术家或设计师创作的独特图案，使衬衫更具吸引力和独特性。

制作工艺创新：随着技术的进步，高级衬衫的制作工艺也在不断创新。例如，采用无缝份制技术、精密的数控切割和缝制机器等，以提高生产效率和质量的一致性。

可持续性和环保考虑：高级衬衫制造商越来越注重可持续性和环保因素。它们可能选择使用有机棉等环保面料，采取节能和减排措施，以减少对环境的影响。此外，它们还可能关注供应链的透明度和社会责任，确保生产过程符合可持续和道德标准。

功能性设计：高级衬衫还可能融入更多的功能性设计元素，以满足现代人的需求。例如，添加隐藏式口袋、防皱处理、防紫外线辐射等功能，增强衬衫的实用性和便利性。

这些方面的发展和改进使得普通衬衫逐渐向高级衬衫转变，追求更高的品质、设计和个性化。高级衬衫不仅在外观上更具精致感和独特性，还注重可持续性和环保，满足消费者对时尚、质量和可持续发展的需求。

二、男衬衫的款式

从领口款式上来看，领口是衬衫的重要设计元素之一。常见的领口款式包括直角立领（图2-1）、方角领（图2-2）、伊顿领／小圆领（图2-3）、翼领（图2-4）和长尖领（图2-5）等。

图2-1　直角立领

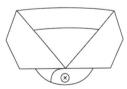

图2-2　方角领

图2-3　伊顿领／小圆领

图2-4　翼领

图2-5　长尖领

从袖头款式来看，衬衫的袖头也有多种款式，包括袖口拼接袖头（图2-6）、袖中拼接袖头（图2-7）、条纹装饰袖头（图2-8）、双层折角袖头（图2-9）、三角装饰袖头（图2-10）、法式双叠袖头（图2-11）、法式反褶袖头（图2-12）等。

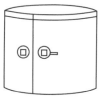

图2-6　袖口拼接袖头

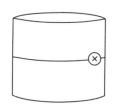

图2-7　袖中拼接袖头

图2-8　条纹装饰袖头

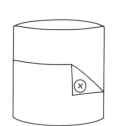

图2-9　双层折角袖头

图2-10　三角装饰袖头

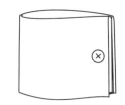

图2-11　法式双叠袖头

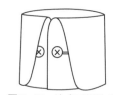

图2-12　法式反褶袖头

图2-13　V型门襟

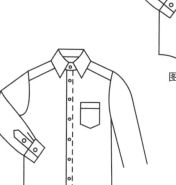

图2-14　暗门襟

图2-15　半门襟

图2-16　宝剑头门襟

图2-17　剑型门襟

图2-18　礼服衬衫门襟

从衣身门襟版型来看，主要包括V型门襟（图2-13）、暗门襟（图2-14）、半门襟（图2-15）、宝剑头门襟（图2-16）、剑型门襟（图2-17）、礼服衬衫门襟（图2-18）等。

从衬衫的材质来看，衬衫的材质多种多样，包括棉质、麻质、丝质、羊毛等。不同材质的衬衫给人不同的触感和外观效果。

从图案和颜色来看，衬衫可以有各种不同的图案和颜色，如纯色、条纹、格子、花卉、动物图案等。这些图案和颜色的选择可以根据个人喜好和场合进行搭配。

从衬衫的使用场合和风格方面说，衬衫又可以分为多个类别，如正装衬衫、休闲衬衫、牛仔衬衫、运动衬衫、夹克衬衫等。每种类别的衬衫在设计和细节上都有所不同。

实际上，衬衫的设计和多样性非常丰富，可以根据时尚趋势和个人喜好选择适合自己的款式和类别。

三、男衬衫的种类

按照不同的标准，可以将男衬衫划分为以下种类：

（一）按照男衬衫的宽松程度分类

将衬衫划分为紧身衬衫、合身衬衫、宽松衬衫和超宽松衬衫。紧身衬衫贴合身体轮廓，适合追求修身效果的人士；合身衬衫在身体上略有空间，能够展现身材线条；宽松衬衫提供更多的舒适度和休闲感，适合喜欢宽松穿着的人士；而超宽松衬衫则更加宽松，并常用于流行的宽松风格。需要注意的是，这只是一种常见的分类方式，每个品牌和设计师可能有不同的定义和标准。因此，在购买衬衫时，最好参考具体的尺码和款式描述，以确保选择适合个人宽松程度的衬衫。

（二）按照男衬衫的穿着的时间和场合分类

衬衫的分类旨在满足不同场合和个人需求的穿着要求。正式衬衫适用于正式场合，如商务会议或正式社交活动，通常采用经典的剪裁和素雅的颜色。商务休闲衬衫则融合了正式和休闲的元素，适合商务场合和休闲场合的过渡。休闲衬衫则注重舒适度和休闲感，适合日常休闲穿着。特殊场合衬衫则针对特定的场合和活动设计，如婚礼、晚宴等，注重细节和个性化。

季节性衬衫根据不同季节的气候特点设计，春夏季衬衫轻薄透气，秋冬季衬衫厚实保暖。运动衬衫具有吸湿排汗和活动自如的特点，适合运动和体育活动。定制衬衫根据个人的身材和喜好定制，确保衬衫的合身度和个性化。印花衬衫以其独特的图案和色彩吸引眼球，展现个性和时尚品位。衬衫套装则是将衬衫与配套的西装、马甲等搭配，适用于正式场合，提供整洁、正式的形象。

通过选择适合自己的衬衫款式，我们可以准确展现自己的风格、个性和自信，无论是在工作场合、休闲时光还是在特殊的社交活动中。因此，了解各种衬衫的分类和特点，根据个人的喜好和需求进行选择，将有助于打造出完美的衬衫穿搭。

（三）按照男衬衫的穿着方式分类

男衬衫可以根据穿着方式分为内穿型和外穿型。

内穿型：内穿型男衬衫是指不直接暴露在外的衬衫。这种类型的衬衫主要用于提供舒适的贴身底层服装，保持整体着装的整洁和舒适。内穿型男衬衫通常采用较轻薄的面料，如棉布质或薄纱，以确保透气性和舒适度。它们的设计注重贴合身形，但通常没有太多的装饰细节。这种衬衫的颜色一般较为保守，如白色、浅蓝色或粉色等。内穿

型男衬衫适用于多种场合，包括日常工作、商务会议等。在这些情况下，内穿型衬衫往往作为整体着装的底层，配合西装、领带等其他服饰。

外穿型：外穿型男衬衫是指作为独立外层服装的衬衫，直接暴露在外面的款式。这种类型的衬衫更注重设计的多样性和时尚性，可以作为单独的上装来穿着。

外穿型男衬衫可以有各种不同的剪裁和设计，如修身款、宽松款、印花款、格子款等。面料的选择也更加多样化，包括棉布、麻布、牛仔布等。外穿型男衬衫适用于休闲、休闲正式或时尚的场合。人们可以将其搭配牛仔裤、休闲裤、短裤等下装，创造出不同风格的搭配。外穿型衬衫通常具有更丰富的颜色和图案选择，以突出个人的时尚品位和个性。

（四）按照男衬衫的款式分类

根据款式的不同，衬衫可以分为正装长袖衬衫、正装短袖衬衫、无袖衬衫、无领衬衫、套头衬衫、休闲衬衫和内外兼用衬衫等。此外，还有翻领衬衫、Polo衫、印花衬衫、牛仔衬衫和定制衬衫。每种款式适用于不同的场合和个人风格，从正式的商务环境到休闲的社交活动，都能找到合适的衬衫款式展现个性和自信。无论是追求正式与专业的外观，还是追求时尚与休闲的风格，衬衫的多样款式能够满足不同需求，让个人形象更加出众。

（五）按照男衬衫的用途分类

男衬衫根据用途和功能的不同可以分为多个类别。其中的高级礼服衬衫、标准西服配套衬衫和高级华丽时装衬衫，适用于正式场合和高级时尚活动。此外，还有商务职场衬衫，注重专业和正式形象；休闲衬衫，展现轻松和时尚风格；高级定制衬衫，追求个性化剪裁和风格；运动衬衫，提供舒适和灵活性；以及主题衬衫，根据特定场合或主题设计。这些不同用途的衬衫款式提供了丰富的选择，满足了各种场合和个人需求。无论是正式场合还是休闲活动，男衬衫都能够展现出个人的风格、品位和自信。

（六）按照男衬衫的功能分类

男衬衫根据功能可分为特种功能衬衫、劳动保护衬衫、防火衬衫、防酸衬衫、防碱衬衫等；另外还有保暖衬衫、安全防护衬衫和香味型衬衫。特种功能衬衫满足特定需求，劳动保护衬衫保护工作人员安全，防火衬衫、防酸衬衫、防碱衬衫提供额外的防护性能。保暖衬衫适用于寒冷环境，安全防护衬衫用于工业和危险环境，香味型衬衫则为穿着者带来愉悦感。这些功能衬衫满足特殊需求，提供多样选择，使人们能够在不同场合和工作环境中选择合适的衬衫，

享受安全、保暖和个性化的穿着体验。

（七）按照男衬衫的属性分类

男衬衫按照属性和礼仪级别可分为正装衬衫和休闲衬衫两大类。正装衬衫适用于正式场合，注重整洁、正统的设计，常与西装或正装裤搭配。休闲衬衫则更为轻松、随性，适合非正式场合。按照礼仪级别，男衬衫可分为外穿类和内穿类。内穿类又细分为普通型和礼服型，后者包括晚礼服衬衫和晨礼服衬衫，适用于更庄重和正式的场合。无论是正装衬衫还是休闲衬衫，每种衬衫都有其独特的特点和适用场合，让男士在不同场景中展现得体、时尚和合乎礼仪的形象。

（八）按照人体结构特点和男衬衫的动、静态活动松量以及穿着场合分类

男衬衫按照人体结构特点、活动松量以及穿着场合可以分为内穿型、外穿型、内外兼穿型、功能型和制服型五大类。内穿型衬衫包括西装衬衫和礼服衬衫，适用于正式场合。外穿型衬衫则细分为休闲衬衫、旅游衬衫、时装衬衫、运动衬衫、钓鱼衬衫等款型，满足不同休闲和运动场合的需要。此外，还有内外兼穿型衬衫，具备内穿和外穿的多功能设计，以及功能型衬衫和制服型衬衫，分别注重实用性和特定职业或组织需求。男衬衫的分类还可涵盖面料选择、颜色、图案等方面，提供更多个性化的选择。总的来说，男衬衫的多样性满足了不同人群的需求和时尚趋势，让它们在各种场合中展现独特的风格和魅力。

（九）按照男衬衫的风格分类

男衬衫可以根据风格分类为优雅的法式衬衫、浪漫的意式衬衫、随意的美式衬衫和常见的英式衬衫。此外，还可以从其他方面对衬衫进行分类。图案款式、领型、袖型、材质和面料以及特殊款式都是区分衬衫的重要因素。不同的图案、领型、袖型和面料赋予衬衫独特的个性和风格，而特殊款式的设计则彰显出衬衫的时尚和创新。这些分类方式使男衬衫能够满足人们不同的审美偏好和穿着需求，展现出多样化的选择和个性化的风格。

（十）按照男衬衫的领部造型分类

男衬衫的领部造型是衬衫设计中重要的要素之一，不同的领部造型给衬衫带来了不同的风格和特点。常见的衬衫领部造型包括基础领型（如平领、宽领、窄领）、翻领（标准翻领、宽翻领）、立领、波浪领、领带领和翻领立领混搭等。这些领部造型适用于不同的场合和个人风格，从正式场合到休闲时光，从商务环境到时尚派对，都可以根

据需求选择合适的衬衫领型。衬衫的领部造型不仅影响外观和风格，还能提供舒适度和个性化的穿着体验。因此，了解不同的衬衫领部造型，根据场合和个人喜好选择合适的款式，将为整体形象增添魅力和自信。

第二节　男衬衫的礼仪与保养

一、男装着装风范

男装着装风范是男性在穿着和搭配上展现出的一种高雅、专业和自信的形象。它强调整洁、精致和细节处理，以及与个人风格和场合相匹配。男装着装风范的关键在于衣着选择，要根据场合和需求选择合适的服装。剪裁和合身度也至关重要，衣物应根据个人体型进行调整，既要保持合身，又要舒适自然。细节处理是不可忽视的一部分，衬衫领口整洁、袖口平整、纽扣齐全，衣物没有皱褶或磨损，这展现了细致和专业的形象。色彩搭配应合理，经典的组合能够营造出稳重、时尚的形象。适当选择配饰，如领带、腰带和手表，简约而精致，不过多也不过于简单。最重要的是展现自信和从容的姿态，保持挺胸抬头、直立的姿势，这体现了男性的自信和坚定。男装着装风范的目标是展现整洁、精致和自信的形象，彰显专业、优雅和引人注目的气质。通过关注细节、合理搭配和自信姿态，男性能够塑造出独特而令人难忘的着装风范。

男装着装风范是为帮助男性在穿着和搭配上展现出专业、优雅和自信的形象。以下是几个重要的指导方针：

确定场合和目的：了解不同场合和目的的着装要求是至关重要的。在正式场合，如商务会议或重要活动，西装、衬衫和领带是必不可少的选择，以展现出专业和正式的形象。而在休闲场合，如朋友聚会或非正式活动，可以选择休闲装，如时尚的衬衫搭配牛仔裤或卡其裤。

注意衣物的剪裁和合身度：衣物的剪裁和合身度对于男装风范至关重要。剪裁良好的服装能够凸显男性的身材优势，并给人一种整洁而精致的印象。确保肩部与腰部的衣物线条流畅，袖子和裤腿的长度适当，以及适当的身材紧凑度。

注重细节处理：细节处理是打造男装风范的关键之一。确保衬衫领口整洁平整，纽扣完好无缺，袖口没有褶皱，衣物没有明显的磨损或污渍。此外，注意修剪胡须、指甲的整洁以及鞋子的清洁与护理也是细节处理的一部分，细致地关注这些细节将提升整体形象。

色彩搭配：色彩搭配是男装着装风范中的重要因素。经典的色彩组合如黑、白、灰、蓝等适用于多种场合，并

展现出稳重和时尚的效果。此外，了解个人肤色和发色，选择与之相配的颜色，也是重要的。尝试不同的配色组合，但避免过于鲜艳或过于花哨的选择。

选择适当的配饰：配饰可以提升男装的整体效果。选择合适的领带、腰带、手表和鞋子等配饰，注意它们与服装的协调性。领带应与衬衫和西装相匹配，腰带应与鞋子的颜色和风格相搭配，手表则可以选择简约而精致的款式。

保持整洁和整齐：保持衣物的整洁和整齐是展现男装风范的重要方面。定期清洗和熨烫衣物，避免褶皱和污渍的出现。确保衣领和袖口整齐，注意扣好纽扣，保持衣物的线条流畅。此外，定期修剪胡须和指甲，以及保持鞋子的清洁和护理，也是保持整洁和整齐的重要步骤。

展现自信和从容的姿态：男装风范不仅仅是外表的呈现，也包括自信和从容的姿态。保持挺胸抬头，放松肩部，保持直立的姿势，展现出自信和专业的形象。有一个自信的微笑和良好的姿态，会让整体形象更加出众。

二、男装着装风范的指导方针

男装着装风范的指导方针旨在帮助男性通过衣着和搭配展现出专业、优雅和自信的形象。通过遵循这些指导方针，男性可以打造出精致、时尚和引人注目的着装风范，展现出个人的风格和品位。但是不同体型的男性在选择服装时，也会有不同的选择，以下是对不同身材特征的男性如何展现着装风范的指导方针：

瘦型男性：对于瘦型男性，重点是选择合身的衣物来增加身体的线条感和轮廓。避免过大或过于宽松的款式，而是选择修身剪裁的衣物。在色彩选择上，可以尝试较亮和饱满的色彩，以突出身材。同时，选择具有纹理和层次感的面料，如细条纹或纹理衬衫，可以为瘦型男性增添一些视觉上的丰满感。

肌肉型男性：肌肉型男性应选择合身但不过紧的衣物，以凸显身体的肌肉线条和体型优势。选择剪裁良好的衬衫和西装，以确保适当的肩部和袖子长度。避免选择过于宽松的款式，以免掩盖肌肉线条。此外，选择适当的面料，如柔软的棉质面料，可以提供舒适的穿着体验，并展现肌肉的优势。

圆型/胖型男性：对于圆型或胖型男性，重点是选择剪裁宽松但不过大的衣物，以保持舒适度和整体的平衡。避免选择过于紧身或收腰的款式，而是选择略微宽松的剪裁。选择深色的衣物可以修饰身形，而避免过多的花纹和细节可以减少视觉上的分散注意力。选择适当长度的上衣和裤子，避免裤腰过低或过高。

高个子男性：高个子男性可以选择一些稍长的上衣和外套，以平衡身形。选择合身但不过紧的衣物，避免过于宽松的剪裁。在选择裤子时，可以考虑稍长一点的裤腿长度，使身体比例更加协调。避免选择过多的垂直纹路和过多的细节，以免突出身高。

矮个子男性：对于矮个子男性，选择合身的衣物可以避免在视觉上缩短身高。避免选择过长或过大的衣物，以免拖地或掩盖身形。选择简洁而不过于繁琐的款式，避免过多的细节和垂直纹理。选择适当长度的上衣和裤子，避免裤腿过长，以确保比例的协调。

三、男衬衫的礼仪

男衬衫礼仪是关于穿着男衬衫时的一系列准则和规范，旨在展现整洁、得体、专业和自信的形象。要注意衣着的整洁和干净，选择合适尺码的衬衫，确保衣领整齐，正确使用纽扣，搭配适当的配饰，处理好衬衫下摆和袖子长度，选择适合的衬衫颜色，并展现自信和良好的姿态。遵循这些礼仪准则，能够让男士在任何场合都展现出专业、精致和自信的形象。

以下是男衬衫的礼仪准则：

尺码合适：选择合适尺码的衬衫非常重要。衬衫应该贴合身体，但不应过紧或过松。一个合适的尺码能够展现你的身材优势，同时也保持舒适度。确保肩部线条匹配，袖长适中，衣长与你的躯干长度相称。

衣领整洁：保持衣领的整洁是展现出整洁形象的关键。确保衣领平整，没有皱褶或弯曲。要注意系领带时的衣领形状，确保领带和衣领的宽度相匹配，以保持整体的协调性。

衬衫的纽扣：纽扣的使用在男衬衫礼仪中起着重要作用。在正式场合，通常将所有纽扣扣好，包括袖口的纽扣。这种做法可展示出正式和专业的形象。在非正式场合，可以留下少许纽扣敞开，以增添休闲感。

衣襟整齐：保持衬衫的衣襟整齐是关键。仔细熨烫衣襟，确保没有明显的褶皱或变形。整齐的衣襟能够增强整体形象的专业度和精致感。

配饰的搭配：正确的配饰选择能够提升男衬衫的礼仪。选择适合场合的领带、领夹、袖扣等配饰，并确保它们与衬衫的颜色和风格相协调。领带的长度应适中，以确保领带与衬衫领口之间的比例均衡。

衣物清洁和保养：保持衬衫的清洁和整洁是维持礼仪的重要因素。定期清洗衬衫，遵循衣物标签上的指示。注意避免使用过高的洗涤温度和强力的洗涤剂，以免损坏衬衫的面料和造成缩水。另外，及时修补任何磨损或损坏的部分，以保持衬衫的良好状态。

衣物适应场合：在正式场合，如商务会议、正式晚宴或婚礼等，选择经典的领型，如标准领、温莎领、翼领。这些款式传统、端庄，并与正式场合相配。在非正式场合，如朋友聚会或休闲活动，可以选择带有领口装饰或不规则领型的衬衫，展现出时尚和个性。

避免过度修饰：男衬衫礼仪强调简约和精致，不应过度修饰。避免过多的装饰细节，如夸张的领口装饰、大面积的绣花或亮片等。保持衬衫整洁、经典的外观，注重质感和细节的品质。

衬衫与其他服装的搭配：在搭配其他服装时，要考虑整体风格和色彩的协调性。选择合适的领带、外套和裤子，确保它们与衬衫相互衬托而不冲突。考虑使用颜色搭配规则，如选择相似色、对比色或衬托色来增加整体服装的层次感和吸引力。

注意衣物的状况：男衬衫礼仪要求保持衬衫的良好状态。定期检查衬衫的磨损、脱线或褪色情况，并及时修补或更换。注意遵循衬衫的清洗和保养指南，避免使用过于强烈的清洁剂，以保持衬衫的质量和外观。

穿脱衬衫的技巧：正确的穿脱衬衫技巧可以确保衬衫保持整洁和平整。穿衬衫时，将手从袖口穿过，并逐渐拉伸衬衫，使之顺利穿过手臂。避免过度拉扯或抓捏衬衫，以免造成皱折或损坏。脱衬衫时，逐渐解开纽扣，轻轻将衬衫从裤子中抽出，避免过度拉扯。

注意体香和口气：男衬衫礼仪还包括个人卫生和体香的注意。保持良好的体香和口气，定期洗澡，使用香皂或沐浴露，清洁牙齿、使用牙线和漱口水，保持口气清新。选择适量的香水或淡雅的香氛，避免使用过度浓烈的气味，以免给他人造成不适。

自信和姿态：最重要的礼仪是展现自信和良好的姿态。无论你穿着何种款式的男衬衫，自信是最吸引人的元素之一。保持直立的姿态，挺胸抬头，优雅地行走与人交流。自信的姿态会赋予整体形象更加亮眼和有影响力。

这些细节对男衬衫礼仪至关重要，它们体现了对整体形象的关注和细致的修养，能够让男士在各种场合中展现出自信、专业和优雅的风范。

四、衬衫的保养

（一）洗涤

衬衫的洗涤是指对衬衫进行清洁和去除污渍的过程。遵循以下注意事项，可以确保男衬衫在洗涤过程中保持安全，面料不受损坏，颜色保持鲜艳，同时延长衬衫的使用寿命。不同的衬衫面料和款式可能需要不同的处理方式，

所以最好仔细阅读每件衬衫的洗涤指导并根据需要采取适当的措施。衬衫洗涤的注意事项：

阅读洗标指导：每件衬衫都附有洗涤指导，通常在内侧的洗标上。这些指导提供了关于如何洗涤衬衫的重要信息，例如水温、洗涤剂类型和洗涤模式。仔细阅读并遵循洗标上的指导，以确保正确对待衬衫面料和细节。

分类洗涤：不同颜色和类型的衬衫分开进行洗涤是很重要的。将浅色和深色衬衫分开洗涤，以防止颜色交叉和褪色。此外，避免将衬衫与具有易褪色特性的衣物一起洗涤，以免导致衬衫受损。

使用适当的洗涤剂：选择适合衬衫面料和颜色的洗涤剂。对于大多数常规棉质衬衫，通用洗涤剂通常是适当的选择。然而，对于特殊面料（如丝绸或羊毛织物），可以选择专门针对该面料的洗涤剂。此外，对于某些特殊污渍，可能需要使用预处理剂来处理。

温和的洗涤模式：选择衬衫洗涤机程序中的温和模式。轻柔或手洗模式通常是较好的选择，因为它们减少了对衬衫的磨损和拉扯。避免使用强力或搅拌模式，特别是对于容易皱的面料，以免损坏衬衫。

冷水洗涤：对于大多数男衬衫，使用冷水洗涤是较安全的选择。冷水可以减少衬衫收缩的风险，并有助于保持颜色的鲜艳。然而，如果衬衫特别脏或有顽固的污渍，可以选择温水洗涤。

轻柔处理污渍：在洗涤之前，轻柔处理衬衫上的污渍是关键。可以使用温和的洗涤剂或液体肥皂，将少量洗涤剂涂抹在污渍上，轻轻搓揉或用刷子轻刷，以帮助污渍松动。

谨慎使用漂白剂：对于白色棉质衬衫，可以考虑使用氧漂白剂来增加亮度和去除顽固污渍。然而，对于有色衬衫或含有特殊面料的衬衫，应避免使用漂白剂，以免损坏颜色或面料。

注意洗衣机的操作：如果选择使用洗衣机清洗衬衫，请确保正确操作。避免使用强烈的洗涤剂或过度使用洗涤剂。选择温和的洗涤模式，并将衬衫放入洗涤袋中，以减少磨损和扭曲的风险。

小心处理衬衫的领口和袖口：领口和袖口是衬衫上容易受到污渍和磨损的区域。在清洗衬衫时，特别关注这些部位，并使用适当的清洁剂或漂白剂去除污渍。定期检查领口和袖口的磨损，及时更换损坏的纽扣或寻求修复。

衬衫的洗涤对于保持衬衫的清洁、延长使用寿命、保持外观品质、提升个人舒适感和彰显个人形象，都非常重要。定期洗涤衬衫可以去除污渍和异味，防止细菌滋生，保持衬衫的清洁卫生。同时，洗涤还能减少衬衫

面料的磨损，延长衬衫的使用寿命。定期洗涤衬衫可以恢复衬衫的原始颜色和亮度，保持衬衫的外观品质，展现个人的精致和细致。洗涤衬衫还能增加穿着者的舒适感，让人感到清爽和自信。最重要的是，洗涤是彰显个人形象的重要步骤，一件干净整洁的衬衫能为个人树立良好的形象，给人留下深刻的印象。因此，定期洗涤衬衫并正确对待洗涤过程，对于保持衬衫的质量和外观以及展现个人形象，至关重要。

（二）熨烫和整理

衬衫的熨烫和整理是为了使衬衫保持平整、整洁的外观，熨烫和整理衬衫是男士着装中不可忽视的重要环节。它们能延长衬衫的寿命和提供舒适的穿着感。掌握正确的熨烫和整理技巧，并将其应用于日常生活中的着装，带来整洁、精致和优雅的形象。以下是衬衫的熨烫和整理的注意事项：

准备熨烫设备：确保有一台熨斗和熨衣板。熨斗应该是清洁的，没有任何脏污或残留物。熨衣板应该是平整的，没有凹陷或凸起。

检查衬衫材质：衬衫的面料可以是棉、麻、丝或合成纤维等不同材质。不同的材质需要不同的熨烫温度和方式。仔细阅读衬衫上的洗涤标签，找到该衬衫的熨烫指导。

准备衬衫：在熨烫之前，先将衬衫挂起来晾干，避免过度皱折。如果衬衫非常皱，可以轻轻喷洒一些水，然后晾挂片刻，让衬衫稍微湿润，这有助于熨烫。

熨烫顺序：按照顺序熨烫不同部位，可以确保整件衬衫平整。一般的熨烫顺序是领子→袖子→前襟→身体部分。

温度调节：根据衬衫的材质和熨烫指导，调节熨斗的温度。棉质和麻质衬衫通常需要较高的温度，而丝质和合成纤维衬衫则需要较低的温度。始终使用适当的温度来避免烫坏衬衫。

使用熨烫喷雾：对于顽固的皱折或厚重的面料，可以使用熨烫喷雾来帮助平整衬衫。喷洒熨烫喷雾在衬衫上，然后用熨斗进行熨烫，喷雾可以使面料更容易熨烫。

细节熨烫：对于领子和袖子，应该将其展开，从内部和外部进行熨烫，确保平整。对于前襟和身体部分，应该将衬衫平铺在熨衣板上，用熨斗从上至下进行熨烫，注意保持熨斗的移动平稳。

注意熨烫时间：不同部位的熨烫时间应适中，不要过度熨烫。持续过长的熨烫时间可能导致面料受损。

熨烫后的整理：在熨烫完成后，将衬衫平整地折叠或挂起来，避免重新产生皱折。可以将衬衫挂在衣架上晾干，或者将其折叠后放入衣橱中。

其他注意事项：使用熨斗时要小心，避免熨斗接触到皮肤，以免烫伤。同时，确保工作区域干净整洁，远离易燃物品。在熨烫之前，可以先测试一小块不显眼的区域，以确保熨斗温度适当，不会对衬衫造成损坏。

熨烫和整理是保持衬衫整洁和平整的重要步骤。熨烫使用熨斗对衬衫进行加热，消除褶皱，使其外观更加整齐和专业。整理包括折叠、挂起和摆放衬衫，以保持其形状和防止重新产生皱折。正确的熨烫和整理可以提升衬衫的外观质感，增加自信和专业形象，延长衬衫的使用寿命，并确保舒适的穿着体验。掌握熨烫和整理的技巧，并在日常生活中细心呵护衬衫，将展现出整洁、精致和令人愉悦的着装风范。

（三）折叠与存储

衬衫的折叠和存储是保持衬衫整洁、减少皱纹以及便于存放的重要环节。通过正确的折叠和存储衬衫，可以保持衬衫的整洁、平整和耐用性，减少皱纹和变形的出现。同时，细心的处理还可以保护衬衫上的细节装饰和领型。养成良好的衬衫折叠和存储习惯，将有助于保护和维护的衬衫，使其始终展现出最佳的外观和品质。

以下是衬衫折叠和存储的一些关键要点：

衬衫折叠技巧：确保衬衫是干净的，没有明显的皱折。开始时，将衬衫纽扣扣好，整理衣领和袖口，使其平整。从两侧开始，将衬衫的侧边向内折叠，使两侧的袖子和衬衫的侧边对齐。接着，将衬衫的底部朝上折叠至胸前，然后再次从中间折叠一次或两次，最后将衬衫的下摆折叠到衬衫上方。确保折叠时保持衬衫平整，避免出现皱折。

存储衬衫的选择：衬衫最好存放在衬衫收纳盒、抽屉或合适的衣架上，以保持其形状和整洁。使用宽肩且适合衬衫尺寸的衣架，有助于保持衬衫的形状和肩部线条。如果使用衣架，确保衬衫的袖子和衣领都平整地悬挂，避免产生折痕。

衬衫的位置：选择通风良好、干燥的地方存放衬衫，避免阳光直射。避免将衬衫挤压在狭小的空间中，以免出现皱折。另外，最好将颜色相差大的衬衫分开存放，以防出现染色问题。

出差或旅行时的折叠技巧：如果需要将衬衫放入行李箱或旅行袋中，可以采用折叠和卷起相结合的方法。首先按照折叠技巧将衬衫折叠成较小的尺寸，然后将其卷起，以减少皱折的产生。在行李箱或袋子中使用衬衫夹或隔离袋也能够保持衬衫的整洁。

衬衫材质：不同材质的衬衫可能需要不同的处理方式。例如，对于棉质衬衫，可以按照一般的折叠技巧进行处理。但是对于丝质或其他细腻材质的衬衫，需要更加谨慎，可以使用衬衫折叠板或纸板来帮助保持平整，避免摩擦和变形。

衬衫领型的保护：衬衫领子是一个容易受到磨损的部位。折叠衬衫时，要小心整理衬衫领子，避免其过度弯曲或变形。可以使用纸板或软布将衬衫领子固定在折叠的位置，以保持其形状。

衬衫上的装饰物：一些衬衫可能有装饰物、绣花或金属配饰等细节，需要特别注意保护。在折叠时，要小心避免装饰物之间的摩擦，以免损坏或脱落。可以使用软布或纸张来隔离装饰物，避免直接接触和摩擦。

衬衫的定期整理：即使衬衫没有穿过，也需要定期整理，以防止长时间存放导致的皱折。定期将衬衫拿出来抖一抖，轻轻整理一下，然后重新折叠或悬挂起来。这样可以保持衬衫的形状和外观。

通过正确的折叠和存储衬衫，可以保持衬衫的整洁、平整和耐用性，减少皱折和变形的出现。同时，细心的处理，还可以保护衬衫上的细节装饰和领型。养成良好的衬衫折叠和存储习惯，将有助于保护和维护衬衫，使其始终展现出最佳的外观和品质。

（四）其他保养和护理

定期熨烫衬衫：熨烫是保持衬衫平整、整洁和专业的重要步骤。定期熨烫衬衫可以去除皱折，使其看起来更加整齐。确保使用适当的熨斗温度，并在熨烫之前检查衬衫上的标签，以了解面料的熨烫建议。

定期检查和修复：定期检查衬衫的磨损、脱线或褪色情况，并及时修复。注意修补和更换纽扣、拉链或衬衫的其他部件，以保持衬衫的完整性。

定期整理：即使衬衫没有穿过，也需要定期整理以保持其质量和外观。定期拿出衬衫，轻轻抖动并展开，确保衬衫的面料没有产生折痕或变形。根据需要，进行轻微的熨烫或整理。

防虫措施：衬衫通常由天然纤维制成，因此容易受到虫害的侵害。使用放置防虫剂或樟脑丸等方法，保持衣物存放区域的干燥和清洁，以避免虫害对衬衫的损坏。

避免过度清洗：频繁地清洗衬衫可能会损害其面料和质地。除非衬衫明显脏了或有污渍，尽量避免过度清洗。相反，可以通过及时处理污渍、使用衣物除臭剂或进行简单的湿布擦拭等方式，保持衬衫的清洁。

适当的干燥方式：衬衫的干燥方式也很重要。避免直接将衬衫暴晒在阳光下，因为阳光会导致衬衫的颜色褪色和面料变质。最好的方法是将衬衫自然晾干或使用低温烘干机进行轻柔的干燥。

防止与化学品接触：避免让衬衫接触到强烈的化学物质，如漂白剂、香水或染发剂等。这些化学物质可能会对衬衫的面料和颜色产生损害，导致变色或褪色。

寻求专业帮助：如果对衬衫的保养和清洗不确定，或者面临某些特殊的问题，建议寻求专业的干洗或衣物清洗服务。他们有经验和专业的知识，可以提供适当的建议和处理方法，以确保衬衫保持良好的状态。

第三章　男衬衫定制市场分析

第一节　服装定制的历史与发展

服装定制的发展历史经历了多个阶段。古代定制以手工制作衣物、个性化需求和社会身份的展示为特点。工业革命时期，服装生产进入大规模生产和标准尺寸成衣的阶段，定制服装逐渐减少。在 20 世纪初，高级定制成为富人和名流的时尚选择，注重精湛工艺和个性化设计。随着现代消费者对个性化和独特风格的追求，服装定制经历了一次复兴。现代技术如网络平台、身体扫描技术、智能技术和 3D 打印技术使定制服装更加便捷、准确和创新，满足了消费者的个性化需求和提供独特体验。尽管大规模生产仍然占主导地位，但服装定制正逐渐受到更多人的欢迎和认可。以下是服装定制的主要里程碑和发展阶段：

一、古代时期

在古代文明中，人们通常依靠手工制作衣物，根据个人需要和尺寸进行定制。这种定制方式主要由当地裁缝或个人完成，通过个性化的尺寸和需求来满足个人的服装需求。在不同的古代文明中，定制衣物扮演着重要的角色，并反映了当时的社会地位、审美观念和文化价值。

古代服装定制的历史可以追溯到几千年前的文明时期。在古埃及，定制衣物是社会等级和地位的象征。贵族和富有阶层可以雇佣顶尖的裁缝，制作精致华丽的定制服装，使用高质量的面料和独特的图案刺绣来展示其财富和地位。古罗马时期，定制服装是彰显公民身份和社会地位的重要方式，通过定制的斯托拉和图尼卡来凸显个人的社会地位和家族血统。

古代服装定制不仅仅是满足个人需求的手段，它还受到当时的时尚潮流和审美观念的影响。古希腊的宽松长袍和中国古代的服饰都是基于当时的审美理念和文化价值进行定制的。这些定制服装通过特定的剪裁和装饰，呈现出独特的风格和时代特征。在古代服装定制过程中，当地的裁缝或个人起着关键的角色。它们具备丰富的经验和技巧，使用手工工具（如剪刀、针线、绣花针和纽扣）以及各种材料和装饰品，来完成定制服装的制作过程。这些裁缝熟练地进行裁剪、缝制和装饰，以确保衣物的质量和适合度。

古代服装定制的目的不仅是满足个人需求，还是展示社会地位和身份的方式。富有和显赫的人士能够雇佣顶尖的裁缝，制作注重细节、工艺精湛的定制服装，通过穿着定制衣物展示自己的财富、权力和社会地位。定制服装还能够凸显个人独特的风格和品位，成为社交场合中的亮点。

总的来说，古代服装定制是一种手工制作衣物的方式，通过个性化的尺寸和需求来满足个人的服装需求。它在不同的古代文明中扮演着重要角色，展示了当时社会地位、审美观念和文化价值。古代服装定制的技艺和风格不仅满足了个人需求，还通过服装的细节和装饰效果，呈现出独特的时代特征和社会身份。这种定制方式不仅是一种艺术形式，也是人们对个人形象和独特风格的追求的体现。

二、工业革命时期

随着工业革命的兴起，服装制造业迅速实现了生产的规模化和标准化。通过使用机器和自动化设备，可以大规模地生产相同尺寸和设计的服装，大量的服装被制成标准尺寸的成衣，满足不断增长的市场需求。这种生产模式大幅降低了成本，使服装变得更加廉价和普遍可得。

随着成衣的普及，一些人开始感受到标准化的局限性。标准尺寸的成衣无法完全适应每个人的身材和喜好，导致一些人感到不舒适或无法展现个人风格。这促使一部分人选择寻求定制服装的机会，以满足其独特需求和个性化追求。因此，一些富裕人士仍然选择定制服装，以获得更好的质量和个性化，它们认为定制服装能够提供更好的质量、更高的工艺水平和更好的个性化。与标准尺寸的成衣相比，定制服装可以根据个人的身形、偏好和需求进行量身定制，确保更好的合身度和穿着舒适度。同时，定制服装也能够表达个人的独特风格和品位，展示个性化的细节和装饰。

富裕人士在选择定制服装时通常会委托专业的裁缝或设计师。这些专业人士具备精湛的技艺和丰富的经验，能够根据客户的要求进行裁剪、缝制和装饰。它们使用高品质的面料、精细的缝制工艺和精致的装饰品，以打造独一无二的服装作品。另外，定制服装也成为了一种社会地位的象征。富有和显赫的人士通过定制服装来展示自己的财富、地位和社会影响力。它们注重服装的品质和细节，以及与自身形象相符的独特风格，进一步巩固自己的社会地位和身份认同。

定制服装在工业革命时期并未消失，反而有了新的发展机遇。富裕阶层和有特殊需求的消费者仍然倾向于选择定制服装。它们通过委托专业裁缝或设计师，获得量身定制的服装，确保完美的合身度和个性化的风格。定制服装不仅提供了更好的质量和手工工艺，也成了一种独特的表达方式，展示个人品位和独特的风格。

此外，定制服装也与个人身份和社会地位密切相关。在工业革命时期，社会阶层的差异仍然存在，而定制服装成为财富和社会地位的象征。富有人士通常能够承担定制服装的高价格，并通过独特的设计和精致的工艺彰显自己的社会地位。

总的来说，工业革命时期的服装制造从手工制作向机械化和大规模生产转变，带来了成衣的普及和低成本。然而，定制服装在这一时期仍然具有其独特的存在和意义，满足了个人化需求和个性化表达的追求。

三、20 世纪初期

20 世纪初期是服装定制的一个重要阶段，高级定制成为富人和名流的时尚选择。定制服装通过独特设计、高品质的面料和精湛工艺，满足客户的个性化需求，并成为树立独特形象和品位的重要手段。尽管工业化对定制服装产生了影响，高级定制仍然在时尚界保持着独特的地位。

在 20 世纪初，高级定制成为时装界的重要组成部分，许多高级时装品牌开始提供定制服务，满足客户的个性化需求。这些服装通常由专业裁缝根据客户的要求和尺寸制作，以确保完美贴合。高级定制服装以其独特的设计、高质量的面料和精湛的工艺而闻名。每件服装都由专业裁缝根据客户的要求和尺寸进行制作，以确保完美的贴合度和舒适感。定制过程包括与客户的密切合作，裁剪、缝制和装饰的精细工艺，以及多次试穿和调整，以满足客户的期望和需求。

在这个时期，一些著名的时装设计师和品牌通过提供定制服务，吸引了富有和有影响力的客户群体。它们为客户设计独特的服装，反映了时尚潮流和个人风格，帮助客户树立

独特的形象和品位。定制服装成为彰显身份、地位和社会地位的象征，为客户增添了独特的尊贵感和自信心。

除了富人和名流的定制服装，20 世纪初期还出现了其他形式的服装定制，展现了不同的角度和发展趋势。

首先，工人阶级和普通人也参与了定制服装。尽管高级定制主要服务于富有阶层，但普通人仍然需要满足自身的个性化需求。这导致了小规模的定制业务的发展，例如当地的裁缝店和家庭工作坊，以满足一般大众的定制需求。这些定制服务可能不像高级定制那样奢华，但仍提供了一定程度的个性化和合身度。

其次，定制服装的发展也与妇女权益运动和社会变革相关。20 世纪初期是女性争取平等权益的时期，女性开始追求更多的自主权和独立性。定制服装成为一种表达个性和自由选择的方式。女性通过定制服装来展示自己的独特风格，追求与众不同的服装，并突破传统的束缚。

此外，20 世纪初期的工艺和技术进步也对服装定制产生了影响。随着纺织技术和缝纫机的改进，服装制作变得更加高效和精确。这使得定制服装的制作过程更加便捷，并且能够满足更多人的需求。新的材料和装饰技术也为定制服装提供了更多的可能性，例如刺绣、手工细节和特殊面料的运用。

综上所述，20 世纪初期的服装定制除了高级定制，还出现了小规模的定制业务，满足普通人的个性化需求。定制服装的发展与社会变革、妇女权益运动和技术进步紧密相关。无论是富人还是普通人、男性还是女性，定制服装提供了一种独特的方式来表达个性、突破传统束缚，并满足个体的需求和追求。

四、大规模生产和标准成衣时期

随着大规模生产和标准尺寸成衣的普及，服装定制在中间阶层中逐渐减少。大多数人开始购买现成服装，而不是寻求定制。定制减少的主要原因有以下几个方面。

首先，大规模生产使得成衣的生产更加高效和经济。生产线和自动化设备的引入使得服装制造商能够以更快的速度和更低的成本生产大量的服装。这导致了成衣的价格下降，使得大多数人更容易负担起现成服装。相比之下，定制服装通常需要更长的制作时间和更高的成本，限制了中间阶层对定制服装的选择。

其次，标准尺寸成衣的出现满足了许多人的基本需求。标准尺寸成衣在设计和生产过程中遵循一组平均尺寸，以适应广大消费者的身材。这种成衣能够提供一定的合身度，满足日常穿着的需求。对于大多数人来说，现成服装提供了足够的选择和适应性，它们不再需要花费额外的时间和

金钱来定制服装。

此外，流行文化和消费观念的改变也对服装定制的需求产生了影响。现代社会中，快时尚和大众化品牌的兴起使得时尚趋势迅速更新，消费者更加注重跟随潮流和购买新款服装。这种快速变化的时尚环境与定制服装的制作过程不太相容，因为定制服装需要更长的时间来设计、制作和交付。因此，许多中间阶层消费者更倾向于购买现成的时尚服装，以追求时尚感和经济性。

最后，价格也是影响中间阶层对服装定制需求减少的因素之一。定制服装通常需要更高的成本，涉及专业裁缝的工艺技能、高质量的面料和个性化的设计。相比之下，现成服装通常具有更具竞争力的价格，尤其是在大规模生产和全球供应链的支持下，成衣的价格相对较低。对于中间阶层消费者来说，价格的考量可能成为选择现成服装而非定制服装的重要因素。

尽管中间阶层的服装定制需求相对减少，但定制服装在一些特定领域仍然存在。例如，对于某些特殊场合，如婚礼、正式晚宴或庄重仪式，人们倾向于选择定制礼服或正装，以确保完美贴合身形和展现独特的风格。定制服装也在一些职业领域，如舞台表演、影视制作和高端商务场合中发挥着重要的作用。

综上所述，大规模生产和标准尺寸成衣的普及、快节奏的社会生活、快时尚产业的兴起以及价格因素是导致中间阶层对服装定制需求减少的主要原因。然而，尽管定制服装的需求减少，仍有一部分消费者追求个性化、独特性和高品质的服装，使得定制服装在一些特定领域和市场中仍然存在一定的需求。

五、现代复兴时期

近年来，服装定制经历了一次现代复兴。人们对个性化和独特的需求再次增长，同时新技术的出现也为服装定制提供了更多的机会。这一现象可以归因于以下几个方面。

首先，人们对于个性化和独特性的需求再次增长。现代社会中，个体的表达和独特性被越来越重视。人们希望通过服装来展示自己的个性和风格，与众不同。定制服装提供了一种满足这种需求的方式，因为它可以根据个人的喜好、体型和风格进行定制，从而创造出独特而与众不同的服装。此外，定制服装让消费者参与设计和创作过程，选择面料、款式和细节，从而打造出与众不同的个人形象。这种个性化的消费体验成为吸引消费者回归服装定制的重要因素。

其次，新技术的出现为服装定制提供了更多的机会。随着3D打印、计算机辅助设计（CAD）和虚拟现实

（VR）等技术的发展，定制服装的制作过程变得更加高效、精确和便捷。例如，3D打印技术的进步使得制作复杂的服装设计更加容易和精确。消费者可以使用虚拟现实技术来预览和调整服装设计，增加参与感和满足度。在线定制平台的兴起使得消费者可以在家通过网络与设计师和裁缝进行沟通，进行远程定制，打破了地理和时间的限制。这些新技术的应用为服装定制提供了更多便捷和创新的方式，激发了消费者的兴趣和需求。

此外，可持续时尚和消费意识的崛起也推动了服装定制的现代复兴。越来越多的消费者开始关注服装的制造过程、环境影响和劳工条件。定制服装通常是按需生产，避免了过剩生产和库存浪费。此外，消费者可以选择使用环保的面料和可持续的制造方法来定制服装，从而减少对环境的负面影响。这种可持续时尚的观念与定制服装的特点相符，因此吸引了一部分消费者转向定制服装。

最后，社交媒体和电子商务的兴起为服装定制的推广提供了平台。人们可以通过社交媒体平台分享它们的定制服装和个人化风格，激发他人的兴趣和需求。电子商务平台也为消费者提供了方便的定制服装购买渠道，消除了地理和时间的限制，使得定制服装更加容易获得。

定制服装在质量和工艺方面的优势也是其现代复兴的推动力。相比于大规模生产的标准尺寸服装，定制服装通常采用更高质量的面料和更精细的制作工艺。裁缝和设计师通过精确的测量和个性化的剪裁，确保服装与客户的身材完美贴合。这种注重质量和工艺的定制服装吸引了那些追求高品质和耐久性的消费者，使它们更倾向于选择定制服装而非现成服装。

综上所述，个性化和独特性的需求增长、新技术的出现、可持续时尚的崛起以及社交媒体和电子商务的发展都为服装定制提供了更多的机会和推动力，这些因素共同促使消费者重新关注和接受服装定制，使其成为当代消费者趋向的时尚选择之一，使得定制服装再次成为时尚界的热点和消费者的选择。

定制服装在满足个性化需求和提供独特体验方面正变得越来越受欢迎。

六、现代服装定制的趋势和创新

（一）可持续创新

定制服装行业致力于推动可持续时尚的发展。品牌开始采用环保面料和生产工艺，致力于减少对环境的影响。一些品牌还提供服装回收和再利用的服务，使定制服装的生命周期更加可持续。

定制服装行业的可持续创新方面涵盖了多个角度，包

括环保面料和生产工艺的应用、服装回收和再利用、透明度和道德经营，以及引导消费者的意识和行为转变。通过采用环保材料、减少资源浪费、推动循环经济和共享经济模式，定制服装行业致力于打造可持续的时尚产业。同时，定制服装品牌还通过教育、个性化服务和护理维修等方式，引导消费者改变购买习惯，形成可持续的消费模式。这种综合性的创新努力为消费者提供了更加环保和可持续的定制服装选择，并在推动环境保护和社会责任方面发挥了积极作用。

定制服装行业的可持续创新不仅在环保方面有所突破，还在推动社会责任和经济可持续性方面发挥了重要作用。在社会责任方面，定制服装品牌越来越注重工人福利和公平贸易。它们与生产工厂建立合作关系，确保工人的工作条件符合人道和劳工权益的标准，并提供公平的工资待遇。这种关注社会责任的努力，确保了定制服装的制造过程不仅环保，还以人为本，尊重劳工权益。

此外，定制服装的可持续创新还促进了经济可持续性。通过提供个性化定制服务，定制服装品牌在一定程度上减少了过度消费和资源浪费。消费者不再购买大量不必要的服装，而是选择质量更好、款式更符合个人品位的定制服装，从而延长了服装的使用寿命。这种转变对于减少服装生产和废弃物处理的压力，以及降低整个时尚产业对资源的依赖，具有积极影响。

另外，定制服装的创新还带来了经济增长和创业机会。随着越来越多的消费者对个性化定制的需求增加，定制服装行业迅速发展，吸引了越来越多的创业者和设计师进入这一领域。它们创立了定制服装品牌，提供独特的设计和个性化的服务，为消费者提供了更多选择。这种创业和就业机会的增加，为经济的可持续发展做出了贡献。

定制服装行业的可持续创新不仅关注环保方面的发展，还注重社会责任和经济可持续性。通过关注工人福利、推动公平贸易、减少过度消费和资源浪费，以及促进创业机会的增加，定制服装行业为可持续时尚的发展做出了积极贡献。这种综合性的努力有助于建立一个更加平衡和可持续的时尚产业，满足消费者的个性化需求，并促进社会和经济的可持续发展。

（二）数据驱动的定制

数据驱动的定制是一种革命性的方式，通过综合利用大数据和人工智能技术，将服装定制提升到一个全新的水平。传统的服装定制通常依赖于设计师的经验和消费者的简单测量数据，而这种新型的定制则基于更加全面和细致的个人数据，为消费者提供更加精准、符合其需求和喜好的服装定制体验。

首先，数据驱动的定制能够利用消费者的测量数据来打造完美贴合身体的服装。通过获取消费者的身体测量数据，包括身高、体重、肩宽、臂长等多个维度的数据，定制平台可以精确地计算出每个消费者的身体特征，并将其应用于服装设计和剪裁过程中。这意味着消费者不再需要追求标准尺码的服装，而是可以获得与自己身体比例最适合的定制服装，从而拥有更好的穿着舒适度和视觉效果。

其次，借助大数据和人工智能技术，数据驱动的定制可以根据消费者的购买历史和喜好进行个性化设计和推荐。通过分析消费者的购买记录和喜好，定制平台可以了解消费者的风格偏好、色彩喜好、款式偏好等信息，并根据这些数据为消费者提供个性化的服装设计和推荐。消费者可以享受到与自己独特品位相匹配的服装选择，从而获得更加满意的购物体验。

此外，数据驱动的定制还能够通过分析大数据来预测潮流趋势和市场需求。通过对消费者的购买行为、社交媒体数据以及全球时尚趋势的分析，定制平台可以准确预测未来的服装潮流，并将这些趋势应用于个性化的服装设计和推荐中。这使消费者能够紧跟时尚潮流，同时又不失个性和独特性。

总而言之，数据驱动的定制利用大数据和人工智能技术，通过个人测量数据、购买历史和喜好等多个维度的数据，为消费者提供更加精准、符合需求和个性化的服装体验。

（三）社区定制

社区定制是一种融合了定制服装和社区参与的新兴模式，它不仅致力于满足消费者个性化的需求，还通过与当地艺术家、手工艺人或社会组织合作，为社区创造就业机会和经济收益，同时传承和保护当地的文化和工艺传统。

首先，社区定制鼓励品牌与当地社区的艺术家、手工艺人等合作伙伴紧密合作。通过与这些有创意和专业技能的社区成员合作，品牌能够吸纳当地的独特艺术元素和工艺技术，将其融入服装设计和制作中。这不仅使定制服装具有独特的地方特色，还能为当地的艺术家和手工艺人提供合作机会和曝光平台，促进它们的创作和发展。

其次，社区定制通过定制服装的生产和销售，为社区创造就业机会和经济收益。当地居民可以参与服装制作的过程中，例如参与面料选择、剪裁、缝制等工艺环节。品牌可以提供相关的培训和技能传授，帮助社区成员掌握相关的制作技术，从而创造更多的就业机会，提升当地居民的收入水平。同时，通过销售定制服装，品牌可以将一部分利润回馈给社区，支持当地的社会发展和公益事业，推动社区的可持续发展。

此外，社区定制也重视传承和保护当地的文化和工艺传统。通过与当地社区合作，品牌可以了解和尊重当地的文化背景、历史和工艺传统，并将其融入服装设计和制作中。这有助于传承和保护当地独特的文化遗产，促进文化多样性的发展。同时，社区定制也可以通过开展相关的教育和培训活动，传授相关的技艺和知识，培养年轻一代对传统工艺的兴趣和热爱，确保传统工艺的传承和发展。

综上所述，社区定制不仅关注消费者的个性化需求，更注重与当地社区的参与和合作。通过与艺术家、手工艺人和社会组织的合作，社区定制为社区创造就业机会。

（四）定制服务的个人化

定制服务的个人化不仅仅局限于服装款式和尺寸的个性化，它还着眼于与客户的互动和关系建立，以提供独特而满意的定制购物体验。

首先，定制品牌致力于为每位客户提供一对一的专属顾问。这位专属顾问将成为客户与品牌之间的纽带，通过深入了解客户的个人喜好、风格偏好和需求，提供量身定制的建议和服务。专属顾问将与客户进行密切沟通，并在整个定制过程中提供持续的支持和指导，确保每个细节都符合客户的期望。

其次，私人试衣会成为定制服务中的重要环节。品牌会为客户提供私人定制的试衣环境，让客户能够舒适地试穿和体验定制服装。在私人试衣会上，专属顾问将为客户提供个性化的款式选择和搭配建议，确保客户能够找到最适合自己的定制款式。客户可以享受到独特的购物体验，尽情感受服装的质感和剪裁，同时提供反馈和调整意见，以确保最终的定制服装完全符合客户的期望。

此外，定制品牌还举办定制体验活动，进一步增强客户的参与感和定制体验。这些活动可以包括定制工坊、品牌沙龙、时尚发布会等形式，为客户提供了与品牌互动和交流的机会。客户可以近距离了解品牌的背后故事、设计理念和制作工艺，甚至参与一些制作环节，感受定制服装的制作过程，亲身体验定制的乐趣。

通过个人化的定制服务，品牌能够建立起与客户之间更加密切的关系。品牌可以倾听客户的声音和反馈，不断改进和创新定制服务，以提供更好的购物体验。客户也能够感受到品牌对其个人需求的重视，获得满足自我表达和独特风格的定制服装，从而建立起对品牌的忠诚和长期合作关系。

综上所述，定制服务的个人化不仅关注服装的个性化，还注重与客户的互动和关系建立。通过一对一的专属顾问、私人试衣会和定制体验活动，品牌能够提供独特的定制购物体验，满足客户的个人需求，同时建立起与客户的密切关系，促进长期的合作和忠诚度。

（五）快速定制

随着技术的进步，一些品牌成功实现了快速定制的可能，为消费者提供在短时间内定制并接收到它们的服装的服务。这种快速定制的模式不仅满足了现代消费者对即时满足需求的期望，还提供了更加灵活和个性化的购物选项。

首先，快速定制利用先进的生产技术和供应链管理，大幅缩短了传统定制服装的生产周期。通过数字化设计和模式制作，品牌可以快速生成个性化的服装设计，并利用自动化和智能化的生产设备进行快速地制作。这种高效的生产流程使得定制服装的生产周期大幅缩短，消费者能够在较短的时间内收到定制的服装，满足它们对即时满足需求的追求。

其次，快速定制还借助现代物流和配送技术，提供了快速的订单处理和配送服务。品牌通过优化物流网络和合理的仓储管理，能够迅速处理定制订单，并利用快速配送通道将定制服装迅速送达消费者手中。这样的快速配送服务使消费者能够在较短的时间内享受到定制服装的乐趣，无需长时间等待。

此外，快速定制还提供了更加灵活和个性化的购物选项。消费者可以根据自己的喜好和需求选择款式、面料、颜色等细节。这种灵活的定制选项让消费者能够真正参与服装的设计过程，体现个性和独特风格。同时，快速定制还支持根据消费者的反馈和调整意见进行快速修改和改进，确保定制服装最终符合消费者的期望。

总而言之，快速定制的能力为消费者提供了在短时间内定制并接收到个性化服装的机会。这种模式不仅满足了消费者对即时满足需求的期望，还通过先进的生产技术、物流配送和灵活的购物选项，提供了更加高效、便捷和个性化的购物体验。消费者可以享受到定制服装的乐趣，展现自己的个性风格，同时品牌也能够快速响应市场需求，提高客户满意度和品牌竞争力。

（六）智能技术的应用

随着物联网、智能传感器和可穿戴设备的不断发展，智能技术正逐渐应用于服装定制领域，为消费者提供更加个性化和智能化的服装体验。

首先，智能服装可以通过内嵌的传感器和物联网技术监测身体数据、运动状态和健康指标。例如，服装中的传感器可以实时监测心率、体温、呼吸等生理指标，帮助消费者了解自己的健康状况。基于这些数据，智能服装可以为消费者提供个性化的健康管理方案，包括定制的饮食建议、运动训练计划和健康监测提醒，从而帮助消费者实现健康目标。

其次，智能技术还可以用于定制服装的交互功能，提供更加智能化和个性化的服装体验。例如，可穿戴设备中的智能控制模块可以实现服装的可调节光线、温度和音乐等功能。消费者可以通过手机应用或手势控制，根据自己的需求和环境变化调整服装的光线亮度、温度舒适度或播放喜爱的音乐。这种交互功能使得定制服装不仅是外观和尺寸的个性化，还提供了更加智能化和个性化的使用体验。

此外，智能技术还可以与数据分析和人工智能相结合，为消费者提供更加精准和符合个性需求的服装推荐。通过消费者的测量数据、购买历史和喜好分析，智能算法可以快速识别出最适合消费者的款式、面料和颜色等元素，并生成定制化的服装设计方案。这种个性化推荐系统不仅可以节省消费者的时间和精力，还可以提供更加精准和满意的购物体验。

综上所述，智能技术在服装定制领域的应用不断拓展。智能服装通过监测身体数据和提供个性化的健康管理方案，帮助消费者实现健康目标；而定制服装的智能交互功能则提供了更加智能化和个性化的使用体验。同时，智能技术结合数据分析和人工智能，为消费者提供个性化的服装推荐，提升定制服装的精准度和满意度。随着智能技术的不断进步和创新，定制服装将进一步融合智能化和个性化，为消费者带来更加智能、舒适和个性化的服装体验。

（七）创新材料和工艺

现代服装定制不仅注重个性化设计和定制体验，还致力于探索和应用创新的材料和工艺，以推动定制服装的发展和突破。

一项重要的创新是可穿戴技术的发展，它引入了许多新材料和工艺。例如，可编织电路技术允许将电路和传感器直接编织到服装中，实现智能化和互动功能。这种技术可以使服装具备监测、追踪和通信的能力，从而为消费者提供更加智能化和个性化的服装体验。另外，智能纺织品是一种融合了传感器和纺织材料的创新材料，可以在服装中实现多种功能，如温度调节、湿度感知和健康监测等。

另一个引人注目的创新是3D打印技术的应用。3D打印技术可以以逐层堆叠的方式制造物体，包括服装。它打破了传统纺织品制造的限制，可以打印出具有复杂结构和设计的服装。通过3D打印技术，设计师和消费者可以实现独特的形状、纹理和装饰效果，创造出个性化的定制服装。此外，3D打印技术还可以根据消费者的身体测量数据制作服装，实现更加精准的定制。

除了可穿戴技术和3D打印技术，还有其他创新的材料和工艺被应用于服装定制中。例如，可持续性材料和环保工艺得到越来越多的关注，推动了可持续发展的定制服装市场。纳米技术的应用可以使服装具有防水、防污、抗菌等特性，提高服装的功能性和持久性。还有一些独特的材料，如智能色素、发光纤维等，也被用于定制服装，带来了视觉效果上的创新。

总之，现代服装定制通过探索和应用创新的材料和工艺，不断突破传统的制造模式和设计限制。可穿戴技术的发展使服装与科技融合，实现了智能化和互动化的功能。3D打印技术为定制服装带来了全新的设计可能性。此外，可持续性材料、纳米技术和其他创新材料的应用，也为定制服装提供了更加多样化、功能化和可持续发展的选择。这些创新推动了定制服装行业的发展，并为消费者提供了更加个性化和前沿化的服装体验。

（八）跨界合作和个性定制

为了提供更加独特和个性化的定制服装，品牌积极进行跨界合作，与艺术家、设计师、其他品牌和消费者共同探索创意和艺术的可能性。

首先，品牌与艺术家的跨界合作为定制服装注入了艺术的元素。艺术家可以为定制服装设计独特的图案、图像或绘画，将其应用于面料上，从而使服装呈现出与众不同的艺术感。这种跨界合作不仅为消费者提供了个性化的定制款式，还将艺术品与服装融合在一起，打造出独特的时尚风格。

其次，与设计师的跨界合作为定制服装带来了更加多样化和前沿的设计。设计师可以为品牌提供专业的设计理念和创新的设计技巧，与品牌共同开发定制款式。它们的专业知识和创意思维能够为定制服装注入新的灵感和时尚趋势，满足消费者对于独特、时尚的需求。

另外，品牌之间的跨界合作也推动了定制服装的个性化发展。通过与其他品牌的合作，定制服装可以融合不同品牌的风格和特点，为消费者带来更加多样化的选择。这种合作可以是联名合作，将不同品牌的元素融合在一起，也可以是共同创作，共同打造独特的定制款式。这种跨界合作不仅丰富了定制服装的设计，还增加了品牌的影响力和知名度。

此外，品牌与消费者之间的合作也成为定制服装的重要方式。品牌可以与消费者进行直接的互动和合作，了解它们的需求、喜好和个性化要求。通过与消费者的合作，品牌可以提供更加贴合消费者需求的定制款式和个性化体验，满足消费者对于独特、个性的追求。

综上所述，跨界合作成为定制服装领域的重要趋势，品牌与艺术家、设计师、其他品牌和消费者的合作推动了定制服装的发展和创新。这种合作不仅使定制服装具有独特的创意和艺术性，还丰富了设计风格和选择。通过跨界合作，定制服装能够更好地满足消费者的个性化需求，创造出与众不同的时尚体验。

（九）虚拟购物和试衣体验

随着虚拟现实（VR）和增强现实（AR）技术的不断进步，虚拟购物和试衣体验正成为定制服装领域的重要趋势。消费者可以利用这些技术，通过虚拟平台进行更加便捷和个性化的购物和试衣体验。

首先，通过身体扫描技术，消费者可以创建自己的个人化虚拟身体模型。这项技术使用 3D 扫描或摄影技术来准确捕捉消费者的身体尺寸和形状，然后将其转化为虚拟模型。这样一来，消费者就可以在虚拟环境中准确地看到自己穿着不同款式的定制服装的效果。

其次，借助虚拟现实技术，消费者可以在虚拟环境中进行试衣。它们可以通过虚拟头显或智能手机应用程序与虚拟服装进行互动。消费者可以选择不同的款式、颜色和细节，然后将其应用到它们的虚拟身体模型上。虚拟人体可以 360 度旋转、放大、缩小，甚至可以走动或移动，来展示服装的效果。这种虚拟试衣体验使消费者能够更好地评估和决策，选择最适合自己的定制服装。

此外，增强现实技术也为消费者提供了与虚拟世界的互动体验。通过使用智能手机或平板电脑上的 AR 应用程序，消费者可以将虚拟服装叠加在自己的实际身体上。它们可以在镜头中看到自己的实时图像，并在上面叠加虚拟服装。这样一来，消费者可以更加真实地感受到服装的外观、质地和适合度，从而更加准确地进行购买。

虚拟购物和试衣体验的好处是多方面的。首先，它们提供了更加便捷和时间节省的购物方式。消费者不需要亲自前往实体店面，而是可以随时随地通过互联网进行虚拟购物和试衣体验。这种灵活性和便利性使消费者能够更好地掌握购物的节奏，节省了时间和精力。

其次，虚拟购物和试衣体验提供了更加个性化和精准化的选择。消费者可以根据自己的喜好和需求，自由地选择不同款式、颜色和细节，并立即在虚拟环境中观察效果。这种个性化的选择和实时的反馈使消费者能够更好地了解和满足自己的需求，提高购物的满意度。

最后，虚拟购物和试衣体验还提供了一种娱乐和创新的方式。消费者可以通过虚拟平台尝试各种不同风格和设计的定制服装，增加发现新的时尚搭配和个性化的可能性。这种互动和创新的体验使购物过程变得更加有趣和愉悦。

综上所述，虚拟购物和试衣体验借助虚拟现实和增强现实技术，为消费者提供了便捷、个性化和创新的定制服

装体验。这些技术的应用使购物过程更加智能化、互动化和前沿化，提升了消费者的满意度和购物体验。

（十）共享经济和租赁定制

共享经济的兴起为服装定制领域带来了全新的形式和商机。一些平台将服装租赁和定制服务相结合，为消费者提供灵活的个性化选择。

首先，这些平台允许消费者根据特定场合或时间段租借定制服装。无论是参加婚礼、晚宴、舞会还是其他特殊活动，消费者都可以选择租借符合自己风格和尺寸要求的定制服装。租借定制服装不仅满足了消费者在特定场合的个性化需求，还避免了购买一次性穿着的服装的浪费和成本。

其次，租赁定制模式也为可持续发展做出了贡献。通过共享定制服装，资源利用得以优化。一套定制服装可以被多个消费者使用，降低了对于大量服装生产的需求，减少了资源浪费和环境影响。这种可持续的租赁模式符合当今社会对于可持续发展的追求，为消费者提供了更加环保和负责任的选择。

此外，租赁定制模式也给消费者带来了更大的灵活性和多样性。消费者可以根据自己的喜好和需求，选择不同款式、设计和品牌的定制服装进行租借。这种灵活性使消费者能够根据不同场合和时期的需要，随时变换自己的服装风格，展现个性和风格的多样性。

最后，租赁定制模式也促进了社区和社交的发展。一些租赁平台建立了用户社区，消费者可以在平台上共享自己的租赁体验、评价服装品质，还可以与其他用户交流和分享服装搭配的建议。这种社区互动不仅增强了用户之间的联系和互动，还为消费者提供了更多的灵感和参考，丰富了它们的服装选择和体验。

综上所述，共享经济和租赁定制模式为服装定制带来了新的形式和商机。租赁定制既满足了消费者的个性化需求，又减少了资源浪费，同时推动了可持续发展的理念。这种模式的发展不仅为消费者提供了更多选择和灵活性，还促进了社区和社交的发展，为定制服装行业注入了更多的创新和活力。

（十一）社交媒体和影响力营销的影响

社交媒体的兴起对定制服装产业产生了深远的影响。时尚博主、名人和社交媒体影响者成为推广定制服装的重要力量。它们利用自身的影响力和粉丝基础，在社交媒体平台上展示个人定制服装的照片和视频，分享自己的定制体验和时尚搭配。这种影响力营销方式不仅吸引了广大粉丝的关注，也在潜移默化中引发了消费者对定制服装的兴

趣和购买欲望。

通过社交媒体平台，消费者可以直接了解到各种定制服装品牌的最新款式、设计理念和定制流程。它们可以从博主和名人的推荐中获取灵感，同时通过品牌的官方账号了解更多定制选项和定价信息。这种互动和信息传递的方式使消费者能够更全面地了解定制服装，减少了信息不对称带来的购买疑虑，提高了购买的信心和满意度。

同时，社交媒体平台也为定制服装品牌提供了广阔的宣传和推广渠道。品牌可以通过合作与博主、名人和影响者进行定制服装的推广活动，借助它们的影响力将品牌和产品推送给更多潜在消费者。这种合作不仅扩大了品牌的曝光度，还树立了品牌的形象和口碑。此外，品牌还可以与社交媒体平台合作，利用广告和推广功能针对特定受众展示定制服装的广告，提高品牌的知名度和市场占有率。

社交媒体的影响力营销不仅在国内市场有所影响，也在国际市场上起到了重要作用。品牌可以通过社交媒体平台跨越地域和时空的限制，将定制服装的故事和特色传递给全球消费者。这为品牌开拓国际市场提供了机遇，加速了定制服装的全球化进程。

综上所述，社交媒体的兴起为定制服装产业带来了广泛的宣传和推广渠道。影响者的力量和社交媒体平台的互动性使消费者更容易获取到定制服装的信息和灵感，增强了它们的购买意愿。同时，定制服装品牌也可以通过社交媒体平台与影响者和消费者建立联系，扩大品牌的影响力和市场份额。这种社交媒体和影响力营销的模式为定制服装行业带来了新的发展机遇和挑战。

（十二）可视化和虚拟现实技术的应用

可视化和虚拟现实技术的应用对定制服装体验产生了深远的影响。消费者现在可以利用虚拟现实技术在虚拟环境中进行试穿和调整定制服装的样式和细节，带来了更加沉浸式和真实的体验。

通过虚拟现实技术，消费者可以创建自己的虚拟身体模型，并在虚拟环境中试穿不同款式的定制服装。它们可以通过触摸、旋转和移动虚拟物品来调整服装的款式、颜色和细节，以便更好地预览和选择自己理想的定制款式。这种实时的、交互式的试穿体验使消费者能够更准确地了解服装的外观、质感和合身度，减少了在实际试穿前的猜测和不确定性，提高了定制过程的满意度。

此外，可视化和虚拟现实技术还为定制服装的设计和个性化提供了更大的自由度和创造力。设计师可以利用这些技术来实现复杂的图案、细节和特殊效果，以满足消费者的个性化需求。消费者可以参与定制服装的设计过程，通过虚拟界面选择和调整服装的款式、图案和颜色，与设计师进行实时的沟通和互动，共同打造出独一无二的定制作品。

此外，可视化和虚拟现实技术还为定制服装的生产和制造过程提供了更高效和精确的工具。利用这些技术，设计师和制造商可以在虚拟环境中进行服装的模拟制作和优化，减少了实际制造过程中的试错和浪费。这种数字化的生产流程不仅提高了生产效率，还能够确保定制服装的质量和一致性。

总的来说，可视化和虚拟现实技术的应用极大地改变了定制服装的体验。消费者可以通过虚拟现实技术在沉浸式的虚拟环境中试穿和调整定制服装，提前预览和选择最理想的款式。这种技术的应用不仅提高了定制过程的满意度，还为定制服装的设计和制造带来了更高效和精确的工具，推动了定制服装行业的创新和发展。

第二节　中外服装定制市场

中国服装定制市场在过去几年中蓬勃发展。中国作为世界人口最多的国家之一，消费者对个性化和定制化的需求不断增长。中国的服装定制市场以其庞大的规模和多样化的需求而闻名。消费者可以根据自己的尺寸、风格和喜好定制服装，以获得更符合个人需求和品位的产品。中国的服装定制市场还受益于技术的进步，如身体扫描技术、智能设计软件和快速制造技术的应用，为消费者提供更快速、准确和高质量的定制体验。此外，中国的服装定制市场还与传统文化和工艺相结合，提供了丰富多样的定制选项和独特的设计风格。

国际服装定制市场也在不断发展。许多国家和地区的消费者对个性化和定制化的服装有着高需求。一些国际知名品牌和设计师致力于提供高端、奢华的定制服装，吸引了富裕消费者的关注和购买。此外，一些创新的定制平台和在线定制品牌也在国际市场上崭露头角，通过在线平台和全球配送服务，为消费者提供定制服装的便捷和个性化体验。国际服装定制市场还受到可持续发展和环保意识的影响，越来越多的消费者关注使用环保材料和可持续制造过程的定制服装品牌。

无论是中国还是国际市场，服装定制行业都面临着机遇和挑战。随着消费者对个性化和定制化的需求不断增长，定制服装市场有着广阔的发展前景。然而，定制服装的高成本、生产周期较长以及技术和工艺的挑战也是行业发展的限制因素。为了在竞争激烈的市场中脱颖而出，服装定制品牌需要不断创新，提供独特的定制体验和高品质的产品。同时，与社交媒体、影响者和技术创新的合作也成为定制服装品牌获取更多曝光和市场份额的关键因素。

总之，中外服装定制市场都在不断发展和演变，以满足消费者对个性化、定制化服装的需求。无论是中国还是国际市场，定制服装行业都面临着广阔的机遇和挑战，需要不断创新和适应市场的变化，以提供符合消费者需求的独特定制体验。

一、中国服装定制市场的特点

中国服装定制市场在过去几年中迅速发展，并成为全球最大的服装定制市场之一。以下是中国服装定制市场的一些具体特点和介绍：

（一）市场规模庞大

中国拥有世界上最大的人口基数之一，因此市场规模巨大。消费者对个性化和定制化服装的需求日益增长，推动了服装定制市场的快速发展。

人口基数：中国拥有超过 14 亿人口，这为服装定制市场提供了庞大的潜在客户群体。随着经济发展和生活水平的提高，越来越多的消费者追求个性化和定制化的服装选择，从而推动了服装定制市场的蓬勃发展。

消费升级和时尚意识：随着经济的快速增长和中产阶级人口的增加，中国消费者对于服装的需求不再局限于基本的穿着功能，而更加注重时尚、品质和个性。这种消费升级和时尚意识的提升进一步推动了服装定制市场的扩大。

婚纱定制和礼服市场：中国有着庞大的婚庆市场，订婚和结婚仪式对于新人来说非常重要。许多人愿意花费较高的价格定制婚纱和礼服，以满足自己的独特需求和追求完美的婚礼体验。因此，婚纱定制和礼服市场在中国的服装定制行业中具有重要地位。

电子商务和社交媒体的发展：中国的电子商务和社交媒体发展迅速，为服装定制市场的发展提供了有利条件。消费者可以通过在线平台浏览和选择定制服装，与设计师或品牌进行沟通，并分享自己的定制体验。这种数字化和社交化的交流方式进一步促进了服装定制市场的扩大。

总之，中国庞大的人口基数、消费升级和时尚意识的提高，以及婚纱定制和礼服市场的需求，都使得中国的服装定制市场规模庞大，并且具有良好的发展前景。

（二）多样化的需求

中国消费者对服装的风格、款式和细节有着广泛的个人偏好。它们希望通过定制服装来展示自己的个性和独特品位。这种多样化的需求促使服装定制市场提供丰富多样的定制选项，包括款式、面料、颜色和细节的个性化选择。

风格和款式：中国消费者对服装的风格和款式有着广泛的个人偏好。一些人喜欢传统和经典的款式，而另一些人更倾向于时尚和前卫的设计。定制服装市场能够提供各种风格和款式的选择，以满足不同消费者的需求，从复古到现代，从正式到休闲，应有尽有。

面料和质地：消费者对服装面料和质地的要求也各不相同。有些人喜欢柔软舒适的面料，如天然纤维（如棉、蚕丝、羊毛等），而另一些人则更注重面料的质感和光泽度。定制服装市场提供了广泛的面料选择，包括天然纤维织物、合成纤维织物、高科技面料等，以满足消费者对面料的个性化偏好。

颜色和图案：颜色和图案是服装设计中的重要元素，能够展现个性和品位。中国消费者对颜色的喜好各异，有些人喜欢明亮和鲜艳的色彩，而另一些人则更倾向于低调和经典的色调。定制服装市场可以提供各种颜色和图案的选择，甚至可以根据消费者的要求进行个性化的定制。

细节和装饰：细节和装饰是定制服装的关键之一，能够增加服装的独特性和个性化。中国消费者对细节和装饰的要求也非常丰富，包括刺绣、蕾丝、珠片、亮片、褶皱、纽扣等等。定制服装市场提供了各种细节和装饰的选择，以满足消费者对服装细节的个性化需求。

总之，中国消费者对服装的多样化需求推动了服装定制市场提供丰富多样的定制选项。定制服装能够满足消费者对风格、款式、面料、颜色和细节的个性化偏好，让消费者能够通过服装展示自己的个性和独特品位。这种多样化的需求为服装定制市场带来了巨大的发展潜力和机会。

（三）技术应用的创新

中国服装定制市场积极采用先进的技术应用。身体扫描技术、智能设计软件和快速制造技术等先进技术被广泛应用于服装定制过程中，使消费者能够获得更快速、准确和高质量的定制体验。

身体扫描技术：身体扫描技术利用 3D 扫描仪或移动设备等设备，能够精确地获取消费者的身体尺寸和形状数据。这些数据可以用于定制服装的裁剪和设计，确保服装的合身度和舒适度。身体扫描技术不仅提高了定制服装的精准度，还加快了定制流程。

智能设计软件：智能设计软件结合了人工智能和计算机辅助设计（CAD）技术，能够帮助设计师和消费者快速创建和定制服装设计。这些软件可以提供各种设计选项和个性化调整，让消费者参与设计过程中，实现定制服装的独特性和个性化。

快速制造技术：快速制造技术，如 3D 打印和数控切割等，可以大幅缩短服装制作的周期。通过这些技术，可以快速制作出符合消费者需求的原型和样品，加快定制服装的生产速度。快速制造技术还可以实现小批量、个性化的生产，降低库存和生产成本。

虚拟试衣技术：虚拟试衣技术利用虚拟现实（VR）或增强现实（AR）技术，让消费者可以在虚拟环境中尝试不同款式和搭配的服装。这种技术能够提供更真实的试衣体验，帮助消费者做出更好的购买决策，并减少退货率。

这些先进的技术应用使得中国服装定制市场能够提供更快速、准确和高质量的定制体验。消费者可以通过身体扫描技术获取个性化的尺寸数据，使用智能设计软件参与服装设计过程中，通过快速制造技术实现快速生产，甚至通过虚拟试衣技术进行更真实的试衣体验。这些技术的应用使得定制服装更加便捷化、个性化和精准化，推动了中国服装定制市场的创新与发展。

（四）传统文化和工艺的结合

中国服装定制市场将传统文化和工艺与现代定制技术相结合，提供独特的设计风格和工艺特色。一些品牌利用中国传统的刺绣、手工织造和刻字等工艺技术，为定制服装注入独特的文化韵味。

传统工艺技术的应用：中国拥有丰富的传统工艺技术，如刺绣、手工织造、刻字等，这些技术源远流长，代代相传。在服装定制市场中，一些品牌积极运用传统工艺技术，将其融入定制服装的设计和制作过程中。这样做不仅保护了传统工艺的传承，也为定制服装注入了独特的文化韵味。

设计风格的独特性：通过将传统工艺技术与现代定制技术相结合，一些品牌在设计上展现出独特的风格。定制服装中融入了传统元素和图案，如中国传统的花鸟图案、龙凤图案等，使服装具有独特的文化特色。这种融合体现了对传统文化的尊重和创新的结合，为消费者提供了与众不同的服装选择。

个性化定制的工艺特色：传统工艺技术在定制服装中的应用，也为个性化定制提供了更多的可能性。刺绣、手工织造和刻字等工艺技术能够实现细致的个性化定制，为消费者量身定制符合其独特需求的服装。这种工艺特色使得定制服装更具个性化和独特性，让消费者在穿着定制服装时展现出自己的独特魅力。

通过将传统文化和工艺与现代定制技术相结合，中国服装定制市场在设计风格和工艺特色上呈现出独特的魅力。传统工艺技术的应用不仅保护了传统文化的传承，还为定制服装注入了独特的文化韵味。这种结合为消费者提供了更加多样化、个性化和具有文化特色的定制服装选择。

（五）定制婚纱市场的繁荣

中国的定制婚纱市场特别繁荣。中国新人越来越倾向于定制婚纱，以满足个性化和独特的婚礼需求。定制婚纱品牌提供了专业的一对一服务，根据新人的喜好和身体特点，定制设计独特的婚纱作品。

个性化需求的崛起：中国新人对于婚礼的个性化需求越来越高。它们希望通过定制婚纱来展示自己独特的品位和风格。定制婚纱可以满足新人对于婚礼的个性化需求，让它们在婚礼中独一无二地闪耀。

专业定制服务：定制婚纱品牌提供了专业的一对一服务，与新人进行沟通，了解它们的喜好和身体特点，为它们量身定制独特的婚纱作品。定制婚纱设计师具备丰富的经验和专业的技术，能够根据新人的需求和要求打造出符合其完美婚礼梦想的婚纱。

独特设计和工艺：定制婚纱注重设计的独特性和工艺的精细性。定制婚纱设计师根据新人的个人风格和婚礼主题，创作独特的婚纱设计，并使用高品质的面料和材料进行制作。定制婚纱通常拥有精致的细节和精美的手工，使得新人在婚礼中展现出最美的一面。

婚庆产业的繁荣：中国的婚庆产业近年来蓬勃发展，婚礼消费逐渐增长。定制婚纱作为婚礼的重要组成部分，受益于婚庆市场的繁荣。越来越多的新人愿意在婚礼中投资，选择定制婚纱，以打造独特和难忘的婚礼体验。

总体而言，中国的定制婚纱市场繁荣得益于新人对个性化和独特婚礼需求的追求。定制婚纱品牌通过提供专业的一对一服务、独特的设计和精湛的工艺，满足了新人对于婚礼的个性化需求，帮助它们实现梦想中最美的婚纱。

（六）网络和电子商务渠道的兴起

随着互联网的普及和电子商务的发展，中国的服装定制市场逐渐从线下扩展到线上。许多定制服装品牌和平台提供在线定制服务，消费者可以通过网络平台进行定制选择、交流设计要求，并享受全程的线上定制体验。

线上定制平台的兴起：随着互联网的普及和电子商务的发展，越来越多的服装定制品牌和平台在线上建立了定制服务平台。这些平台提供了方便快捷的定制流程，消费者可以在网上浏览和选择款式、面料、颜色等定制选项，根据自己的喜好进行个性化定制。

交流和沟通的便利性：线上定制平台通过即时通讯工具、在线客服等方式，提供了消费者与设计师或定制师之间的便捷交流渠道。消费者可以随时与设计师讨论设计要求、提出建议和疑问，确保定制服装符合它们的期望和需求。

线上定制体验的全程服务：线上定制平台为消费者提供了全程的定制服务体验。从选择款式、测量尺寸，到定制细节和最终的交付，整个过程都可以在线上完成。消费者可以在家中舒适地进行定制，节省了时间和精力，同时享受到个性化定制的乐趣。

定制品牌的扩展与覆盖面的增加：通过网络和电子商务渠道，定制服装品牌的覆盖范围得到了扩大。消费者不再局限于地理位置，可以通过网络平台与全国甚至全球的定制品牌进行合作。这为消费者提供了更多选择，也为定制品牌带来了更广阔的市场机会。

网络和电子商务渠道的兴起使得中国的服装定制市场从传统的线下模式扩展到线上，并为消费者提供了更加便捷、个性化和多样化的定制体验。通过线上定制平台，消费者可以随时进行定制选择和交流，享受到全程的线上定制服务。这种变革不仅满足了消费者对定制服装的需求，也为定制品牌带来了更大的发展机遇。

（七）可持续发展的关注

随着可持续发展意识的增强，中国的服装定制市场也越来越关注环保和可持续性。一些定制品牌选择使用环保材料和可持续制造流程，以减少对环境的影响，并满足消费者对可持续产品的需求。

环保材料的选择：一些定制品牌在材料选择上更加注重环保因素。它们选择使用可再生材料、有机纤维和环保染料等，以减少对环境的影响。这些材料具有更低的碳足迹和较少的环境污染，符合消费者对环保产品的需求。

可持续制造流程：可持续发展意识促使定制品牌采用可持续的制造流程。这包括降低能源和水资源消耗、减少废弃物和排放的产生，以及推行循环经济和资源回收利用等措施。通过优化生产过程，定制品牌努力降低对环境的负面影响。

倡导可持续消费：定制品牌不仅在产品制造上关注可持续性，也在倡导可持续消费方面发挥作用。它们通过宣传教育和消费者参与活动，提高消费者对于可持续发展的认知和意识，鼓励它们选择环保和可持续的定制产品。

透明度和认证标准：一些定制品牌为了证明自己的可持续性承诺，积极寻求第三方认证或采用透明度措施。这包括使用环保认证的材料、参与社会责任项目、公开披露供应链信息等。这些措施增加了消费者对定制品牌可持续性的信任。

可持续发展意识的增强使得中国的服装定制市场更加关注环保和可持续性。定制品牌选择环保材料，采用可持续制造流程，并倡导可持续消费，以满足消费者对可持续产品的需求。通过透明度和认证标准，定制品牌增加了消费者对其可持续性承诺的信任。这种关注环保和可持续性的趋势将为中国的服装定制市场带来更加可持续和有意义的发展。

总的来说，中国服装定制市场具有巨大的市场规模和多样化的消费者需求。技术创新、传统文化与现代技术的结合以及可持续发展的关注，都是该市场的特点。随着消费者对个性化和定制化服装的需求不断增长，中国服装定制市场有着广阔的发展前景。

（八）区域特色与文化多样性

中国拥有广袤的土地和丰富的文化多样性。不同地区的消费者在服装偏好和风格上存在一定的差异。因此，服装定制品牌可以根据地方文化和特色，为不同地区的消费者提供符合其地域特色的定制服装，进一步满足消费者的个性化需求。

地域特色的反映：中国不同地区具有独特的地域特色和文化风格。消费者在服装偏好和风格上可能存在一定的差异。服装定制品牌可以结合当地的地域特色和文化元素，为不同地区的消费者定制服装。这种定制能够更好地反映当地的传统风格、民族特色或时尚趋势，满足消费者对独特性和地域认同的需求。

本土设计与工艺的融合：服装定制品牌可以将地方的本土设计和工艺与现代定制技术相结合，创造出独特的服装风格。例如，一些品牌将当地传统的刺绣、织造、染色等工艺技术融入定制服装中，以展示当地的文化韵味和手工艺的精湛。

地域市场的满足：由于地域特色的存在，不同地区的消费者可能对定制服装有不同的需求。服装定制品牌可以通过了解并适应当地市场的需求，为消费者提供符合其地域特色的定制选项。例如，在气候、气温和季节变化较大的地区，品牌可以提供适应不同季节的定制服装，满足当地消费者的需求。

地方文化的推广与保护：通过将地方文化与服装定制相结合，品牌可以促进地方文化的推广和保护。通过定制服装展示当地的传统文化和工艺，品牌能够提升消费者对地方文化的认知和兴趣，推动地方文化的传承和发展。

区域特色与文化多样性为服装定制品牌提供了发展的机会。通过结合地域特色和文化元素，定制品牌能够为不同地区的消费者提供符合其地域特色和个性化需求的定制服装。同时，这种定制也有助于推广和保护地方文化，促进地方文化的传承和发展。

（九）移动互联网和社交媒体的影响

中国是全球最大的移动互联网市场，社交媒体的普及程度也很高。消费者通过移动应用和社交媒体平台分享自己的定制服装经验，推动了口碑传播和品牌影响力的扩大。同时，一些定制品牌也通过移动应用提供在线定制服务，方便消费者随时随地进行定制购物。

移动互联网的普及：中国是全球最大的移动互联网市场之一，越来越多的消费者使用智能手机和移动应用来获取信息、进行购物和社交互动。移动互联网的普及使得消费者可以更便捷地了解和选择定制服装品牌，同时也为定制品牌提供了与消费者互动的渠道。

社交媒体的影响：社交媒体在中国的普及程度很高，许多消费者通过社交媒体平台分享自己的定制服装经验和购物心得。它们可以发布照片、评论和评价，传播自己的购物体验，并对品牌进行推荐或分享。这种口碑传播对于定制品牌的品牌影响力和知名度的扩大非常重要。

在线定制服务：一些定制品牌通过移动应用提供在线定制服务，方便消费者进行定制购物。消费者可以通过移动应用浏览产品、选择款式和面料、提交个性化要求，并与品牌进行交流和沟通。这种在线定制服务使得消费者可以随时随地参与定制过程，增强了定制体验的便利性和互动性。

移动互联网和社交媒体的影响使得消费者更容易了解和选择定制服装品牌，同时也为品牌扩大影响力和推广定制服务提供了便利的渠道。通过移动应用和社交媒体的互动，消费者可以分享自己的定制服装经验，帮助品牌传播口碑和吸引更多的潜在消费者。在线定制服务的提供也为消费者提供了更加便捷和个性化的定制购物体验。这些因素使得移动互联网和社交媒体成为中国服装定制市场中不可忽视的重要影响因素。

（十）跨境定制和国际影响

中国服装定制市场不仅在国内发展迅猛，也逐渐在国际舞台上崭露头角。越来越多的中国定制品牌开始走向国际市场，将中国的设计和工艺特色与全球消费者分享。同时，一些国际定制品牌也进入中国市场，与本土品牌展开竞争，为消费者带来更多的选择和多样化的定制体验。

中国品牌走向国际市场：随着中国服装定制市场的成熟和发展，越来越多的中国品牌开始将目光投向国际市场。这些品牌将中国的设计理念、工艺技术和文化元素融入定制服装中，通过参加国际时装展览、开设海外门店或与国际零售商合作，将中国的定制品牌推向世界舞台。这种跨境定制使得全球消费者能够体验到中国独特的定制设计和工艺。

国际品牌进入中国市场：同时，一些国际定制品牌也将目光转向中国市场，与本土品牌展开竞争。这些国际品牌在中国市场推出定制化的产品和服务，以满足中国消费者对个性化和高品质定制服装的需求。这种国际品牌的进入丰富了中国消费者的选择，为它们带来更多样化的定制体验。

跨文化交流和影响：中国定制品牌走向国际市场以及国际品牌进入中国市场，促进了跨文化的交流和影响。中国的设计理念、工艺技术和文化元素与国际市场的消费者进行碰撞和融合，创造出独特而多样化的定制风格。这种跨文化交流对于丰富全球定制服装市场的多样性，以及促进不同文化之间的理解和欣赏具有积极的影响。

跨境定制和国际影响使得中国服装定制市场逐渐走向国际舞台，为中国品牌提供了更广阔的发展机遇，也为消费者带来了更多样化和多元化的定制选择。同时，国际品牌的进入也为中国消费者带来了更丰富的定制体验，促进了跨文化交流和影响的发展。这种双向的跨境定制交流有助于推动全球服装定制市场的发展与繁荣。

二、国际服装定制市场的特点

国际服装定制市场是指在全球范围内提供定制服装服务的行业。它涵盖了个人定制服装、高级定制服装、职业装定制等不同领域。

（一）个性化定制

国际服装定制市场的一个主要特点是个性化定制。顾客可以根据自己的喜好、身体尺寸和风格偏好定制服装。这种个性化定制可以满足顾客对独特和与众不同的需求，使它们在穿着服装时感到自信和舒适。

个性化定制是指顾客可以根据自身的喜好、身体尺寸和风格偏好来定制服装。这种定制方式使顾客能够创造独一无二的服装，与众不同地展示自己的个性和风格。相比于传统的大规模生产和标准化尺码，个性化定制满足了顾客对于个性化和独特性的追求。

个性化定制的优势在于提供了更好的适合性和舒适度。每个人的身体尺寸和体型都有所不同，而个性化定制可以根据顾客的具体身体尺寸进行量身定制，确保服装的合身度和舒适度。顾客不再需要追求标准尺码的合适性，而是可以获得完全符合自己身体特点的定制服装。

此外，个性化定制还满足了顾客对于独特性和个性表达的需求。每个人都有自己独特的风格和喜好，而个性化定制使得顾客可以在设计细节、面料选择和配饰等方面发挥创意，创造出与众不同的服装作品。这种个性化定制带来的独特性使顾客在穿着服装时感到自信和满意，展现出个人风格和品位。

个性化定制也为顾客提供了参与和互动的机会。在定制过程中，顾客可以与设计师或定制师进行沟通和交流，共同设计出符合自己需求的服装。这种定制过程中的参与感和互动体验增加了顾客的满意度，并加深了顾客与品牌之间的情感连接。

总体而言，个性化定制是国际服装定制市场的一个重要特点，它满足了顾客对独特性、适合性和个性表达的需求。通过个性化定制，顾客可以获得与众不同的服装，体现自己的个性和风格，同时也提升了服装的舒适度和质量。这种定制方式为顾客带来了自信和满意的穿着体验，推动了国际服装定制市场的发展和繁荣。

（二）高品质和精细工艺

国际服装定制市场注重高品质和精细工艺。定制服装往往采用高质量的面料和材料，并由经验丰富的裁缝和工匠手工制作。每个细节都被精心打磨，以确保服装的品质和耐用性。

高质量的面料和材料：定制服装通常采用高质量的面料和材料，如天然纤维、高级纺织品和优质皮革等。这些材料具有良好的质感、舒适度和耐久性，使服装具有更高的品质和价值。

经验丰富的裁缝和工匠：定制服装的制作过程需要经验丰富的裁缝和工匠进行手工操作。它们拥有精湛的技艺和专业知识，能够将设计师的想法和顾客的要求转化为实际的服装作品。它们注重每个细节，从剪裁到缝制，都追求完美的工艺。

精心打磨的细节：定制服装注重细节的精致和打磨。无论是线迹的平整与精准、纽扣的选用与缝制、衣领的整齐与舒适，还是装饰细节的精细处理，都经过精心的打磨和调整，以确保服装的品质和完美度。

定制的个性化需求：定制服装市场的消费者对于品质的追求与日俱增。它们希望通过定制服装来展示自己的品位和追求，因此对服装的品质要求更高。它们关注服装的剪裁、贴合度、缝制工艺等方面的细节，以确保服装在穿着时的舒适度和整体效果。

总之，国际服装定制市场注重高品质和精细工艺，致力于为消费者提供卓越的定制体验和优质的服装产品。通过使用高质量的材料、经验丰富的裁缝和工匠，以及精心打磨的细节，定制服装市场满足了消费者对品质和耐用性的要求，并提供了与众不同的定制体验。这种注重品质和工艺的特点使国际服装定制市场与传统的大规模生产和标准化服装市场有所区别，吸引了那些对高品质和独特性有追求的消费者。

（三）专业设计和咨询

国际服装定制市场通常提供专业的设计和咨询服务。顾客可以与设计师或专业顾问合作，共同讨论服装的设计理念、款式选择和面料搭配等方面。它们可以根据专业意见做出决策，并获得个性化的建议，以确保最终的定制服装符合它们的期望。

设计理念的讨论：顾客可以与设计师进行深入地交流，共同探讨服装的设计理念和风格定位。设计师会倾听顾客的需求和喜好，并根据其个性和审美偏好提供专业的建议。这种合作过程能够确保最终的定制服装与顾客的期望相符。

款式选择和面料搭配：专业设计和咨询服务还涉及款式选择和面料搭配等方面的建议。设计师和专业顾问会根据顾客的身形特点、肤色、场合等因素提供个性化的建议。它们了解不同面料的特性和适用性，并能够指导顾客选择最适合的面料搭配，以确保服装的质感和舒适度。

个性化建议和定制方案：在设计和咨询过程中，顾客可以获得个性化的建议和定制方案。设计师和专业顾问会根据顾客的需求和要求，提供针对性的建议，帮助顾客实现自己独特的定制愿望。它们可以提供关于剪裁、细节设计、装饰元素等方面的专业建议，以确保最终的定制服装符合顾客的个性化需求。

通过专业设计和咨询服务，国际服装定制市场能够满足消费者对个性化和独特性的需求。顾客可以与专业的设计师或顾问合作，共同打造出独一无二的定制服装，体现自己的个性和品位。这种专业的设计和咨询服务不仅为顾客提供了更多的定制选择，也提升了整个市场的专业水平和品牌声誉。

（四）高端市场定位

国际服装定制市场往往以高端市场为目标定位。由于个性化定制和高品质工艺的要求，定制服装通常价格较高。因此，这个市场主要面向那些对时尚和独特体验有较高要求的消费者，它们乐于为高品质的定制服装投资。

高品质要求：国际服装定制市场以提供高品质的定制服装为目标。定制服装往往采用精选的面料和材料，并通过精细的工艺制作而成。每个细节都注重质量和耐用性，以确保服装的高品质和长久的使用寿命。

独特体验的追求：高端市场的消费者追求独特的服装体验。它们希望通过定制服装来展示自己的个性和品位，与众不同。定制服装能够满足它们对独特性和独家定制的需求，让它们在穿着服装时感到自信和满足。

高端定价：由于个性化定制和高品质工艺的要求，定制服装通常价格较高。这是由于定制服装需要专业的设计、裁剪和制作过程，以及高质量的材料和工艺。因此，国际服装定制市场主要面向那些愿意为高品质、独特体验的消费者投资的人群。

通过高端市场定位，国际服装定制市场能够满足对高品质、个性化和独特体验的需求。消费者可以享受专业的设计和制作过程，获得与众不同的定制服装，展示自己的个性和品位。同时，高端市场的定制品牌也能够通过提供卓越的产品和服务，树立起品牌的高端形象，并吸引更多追求独特时尚的消费者。

（五）全球化竞争

国际服装定制市场是一个全球化竞争的领域。许多知名的定制服装品牌和设计师在全球范围内活跃，各地的消费者可以选择来自不同国家和地区的定制服装。这种全球化竞争促使定制服装品牌不断提高自己的设计水平和服务质量，以吸引更多的顾客。

国际品牌竞争：许多知名的定制服装品牌和设计师在全球范围内活跃，竞争激烈。它们以自己独特的设计风格、高品质的产品和专业的服务吸引消费者。这些国际品牌通过全球销售和市场拓展，争夺全球顾客的青睐和关注。

跨国消费者选择：消费者在国际服装定制市场中有更多的选择。它们可以选择来自不同国家和地区的定制服装品牌，获得多样化的设计风格和文化特色。消费者可以通过在线平台和国际交流途径获取信息，比较不同品牌的产品和服务，并做出自己的选择。

设计水平和服务质量的提升：全球化竞争促使定制服装品牌不断提高自己的设计水平和服务质量。品牌必须在设计创新、工艺技术、材料选择和顾客体验等方面保持竞争优势，以吸引和留住消费者。定制服装品牌需要不断改进和创新，以满足不断变化的消费者需求。

文化交流和融合：全球化竞争带来了文化交流和融合的机会。不同国家和地区的定制服装品牌可以吸收和融合来自不同文化背景的设计元素和工艺技术，创造出独特而富有创意的定制服装。这种文化交流和融合也丰富了消费者的选择，让它们可以体验到来自世界各地的时尚风格。

全球化竞争为国际服装定制市场带来了机遇和挑战。定制服装品牌需要不断提升自身的竞争力，通过创新设计、优质服务和有效营销策略来吸引消费者。同时，全球消费者也可以从中受益，获得更多选择和多样化的定制体验。

（六）文化多样性

国际服装定制市场反映了世界各地的文化多样性。不同国家和地区有着独特的服装风格和传统，而定制服装提供了一个平台，使顾客能够在自己的服装中展示自己的文化身份。这种多样性使得定制服装市场充满了各种创新和交流的机会。

传统文化的展示：不同国家和地区有着独特的传统文化和服装风格。通过定制服装，顾客可以选择融入自己所属文化的设计元素和细节，展示自己的文化身份和传统价值观。这种定制能够传承和展示各个文化的独特之处，让人们更加了解和尊重不同的文化。

文化交流与融合：国际服装定制市场为各个文化之间的交流和融合提供了平台。通过融合不同文化的设计元素和工艺技术，定制服装品牌可以创造出独特而富有创意的作品。这种文化交流和融合不仅丰富了服装设计的多样性，也促进了不同文化之间的相互理解和尊重。

创新与个性化：文化多样性为定制服装市场带来了创新和个性化的机会。不同文化的传统服装风格可以激发设计师的创意，并与现代设计相结合，创造出独特的定制服装。顾客可以根据自己的喜好和文化背景进行个性化定制，展示自己独特的风格和身份。

地域特色的呈现：不同地区的文化背景和地域特色在定制服装中得到体现。定制品牌可以根据不同地区的文化和传统，提供符合当地特色的定制服装选项。这种地域特色的呈现使定制服装更具独特性，吸引了对当地文化感兴趣的消费者。

文化多样性使得国际服装定制市场充满了创新、交流和探索的机会。这种多样性不仅丰富了服装设计的风格和选择，也促进了各个文化之间的交流与理解。无论是定制服装品牌还是消费者，都可以从中获得独特的体验和文化的价值。

（七）可持续性和环保

随着对可持续性和环保的关注不断增加，国际服装定制市场也在积极回应这一趋势。定制服装通常采用高品质的材料，并且可以根据顾客的要求精确制作，减少了过度生产和浪费。此外，一些定制服装品牌还注重使用可持续和环保的面料，并采取可循环利用的设计理念，以减少对环境的影响。

减少过度生产和浪费：定制服装的特点是根据顾客的需求进行生产，避免了过度生产和大量库存的问题。相比大规模生产的快速时尚模式，定制服装的生产更加精确和可控，减少了浪费。这有助于减少资源消耗和环境负担。

使用可持续和环保材料：许多定制服装品牌倾向于使用可持续和环保的面料。这些面料可以是有机棉、再生纤维或其他可降解和环保的材料。通过选择这些材料，定制服装品牌可以降低对环境的影响，并传递出可持续发展的价值观。

循环利用和二手市场：定制服装通常是根据个体顾客的需求制作的，因此其独特性和质量使其更容易被再次使用和循环利用。一些定制服装品牌鼓励顾客将不再穿着的定制服装捐赠或出售给二手市场，延长服装的使用寿命，并减少对资源的需求。

教育和意识提高：国际服装定制市场也在积极推动可持续发展的教育和意识提高。定制服装品牌通过宣传、合作和透明度，向顾客传达可持续性的重要性，并提供相关的信息和选择，让顾客能够做出更环保和可持续的购买决策。

可持续性和环保已经成为国际服装定制市场不可忽视的趋势和要求。消费者对于服装的生产过程、材料来源和环境影响越来越关注，因此定制服装品牌需要积极回应这一需求，推动整个产业向更加可持续的方向发展。这样的举措不仅有助于保护环境和资源，也符合消费者对可持续性的追求和价值观。

（八）社交体验和互动性

国际服装定制市场提供了一种与顾客之间建立更紧密联系的社交体验。定制过程通常涉及与设计师或顾问的互动，它们会倾听顾客的需求并提供个性化的建议。这种互动性使顾客能够更好地理解服装的设计和制作过程，也能够与专业人士进行深入地交流，增强了顾客对服装的归属感和满意度。

定制过程中的互动：定制服装的特点是与顾客之间的紧密互动。顾客可以与设计师或专业顾问合作，分享自己的需求、喜好和想法。设计师会倾听顾客的意见，并提供专业的建议和设计方案，以确保最终的服装能够符合顾客的期望和风格偏好。这种互动过程可以加深顾客对服装的理解，也增加了顾客的参与感和满意度。

社交体验和定制活动：一些定制服装品牌会定期举办定制活动或社交聚会，为顾客提供更丰富的社交体验。这些活动可以是时装展示、工作坊、社交晚宴等形式，顾客可以与其他定制者交流、分享经验，甚至结识新的朋友。这种社交体验不仅提供了一个交流的平台，也加强了顾客与品牌之间的情感连接。

定制服装的个性化和归属感：通过定制服装，顾客能够表达自己的个性和独特风格。定制过程中的互动和交流使顾客更好地参与服装的设计和制作中，增强了它们对服装的归属感和自豪感。定制服装通常具有独特性，与众不同，使顾客能够在穿着时展现自己的个性和品位。

社交媒体的影响：社交媒体在国际服装定制市场中发挥着重要的作用。顾客可以通过社交媒体平台分享它们的定制服装经验和成果，与其他人分享它们的喜悦和满意。这种口碑传播和社交分享进一步增加了品牌的影响力，并为其他潜在顾客提供了有关定制服装的参考和启发。

总的来说，社交体验和互动性在国际服装定制市场中扮演着重要的角色。这种互动可以增强顾客与品牌之间的联系，提升顾客的参与感和满意度，同时也创造了一个社交化的环境，让顾客能够分享自己的定制体验，并从中获得乐趣和满足感。

（九）新兴技术的应用

随着科技的进步，国际服装定制市场开始应用新兴技术来提升服务质量和客户体验。例如，虚拟现实（VR）和增强现实（AR）技术可以帮助顾客更直观地预览和定制服装款式，3D打印技术可以加速服装生产过程。这些技术的应用为顾客提供了更便捷和个性化的定制体验。

虚拟现实（VR）和增强现实（AR）技术：这些技术可以通过虚拟或增强的视觉效果帮助顾客更直观地预览和定制服装款式。顾客可以通过虚拟现实头戴设备或使用手机应用程序，在虚拟场景中体验不同的服装样式和配件。这使顾客能够更好地选择和决策，减少了传统试衣的时间和努力。

3D打印技术：3D打印技术可以用于定制服装的生产过程。通过将设计转化为数字模型，然后使用3D打印机将服装零件逐层打印出来，可以加快服装生产的速度和灵活性。这种技术还可以根据顾客的个体尺寸和要求定制服装，提供更精确的适合性和舒适度。

数据分析和个性化推荐：通过收集和分析顾客的数据，服装定制品牌可以提供个性化的建议和推荐。根据顾客的偏好、历史购买记录和体型数据，品牌可以推荐适合顾客的款式、颜色和尺寸，增强顾客的购物体验和满意度。

在线平台和移动应用：定制服装品牌可以通过在线平台和移动应用为顾客提供便捷的定制服务。顾客可以在任何时间和地点使用这些平台进行定制选择、交流设计要求，并与设计师或顾问互动。这种便利性和灵活性使顾客能够享受全程在线的定制体验。

这些新兴技术的应用为国际服装定制市场带来了更多的创新和便利，提升了顾客的定制体验和品牌的竞争力。同时，随着技术的不断进步和发展，我们可以预见在未来还会有更多的技术应用进入该市场，为顾客提供更多选择和个性化的定制服务。

（十）定制服装的多功能性

国际服装定制市场不仅关注外观和风格，还注重服装的多功能性。定制服装可以根据顾客的需求和使用场景进行设计，例如职业装定制可以符合特定行业的要求，运动服装定制可以提供舒适和透气的特性。这种多功能性使得定制服装能够满足顾客在不同场合的需求。定制服装可以根据顾客的需求和使用场景进行设计，以提供更符合特定需求的服装解决方案。

职业装定制：根据特定行业的需求和工作环境，定制职业装可以提供更符合工作要求的设计和功能。例如，医疗行业可能需要定制的白大褂，其中包含多个口袋和功能，以方便医生携带医疗工具。职业装定制还可以根据不同职位的要求，提供不同的款式和细节设计，以展示专业形象。

运动服装定制：定制的运动服装可以根据不同运动项目的特点和运动者的需求进行设计。例如，定制的跑步服装可能具有透气性和吸湿排汗的功能，以提供舒适的运动体验。定制的高尔夫球服可能具有伸缩性和适当的弹性，以方便高尔夫球手的挥杆动作。这种定制的运动服装可以提高运动效果和舒适度。

婚纱和礼服定制：定制的婚纱和礼服可以根据新娘或礼服的需求和个人风格进行设计。每个人的婚礼或特殊场合的要求都不同，定制的婚纱和礼服可以提供独一无二的设计和细节，以展示个人风格和个性。

专业户外服装定制：定制的户外服装可以根据户外活动的需求和环境进行设计。例如，登山服装可以具有防风、防水和保暖的功能，以应对恶劣的山地环境。定制的徒步旅行服装可能具有多个口袋和便捷的存储解决方案，以适应徒步旅行的需要。

这种定制服装的多功能性可以满足顾客在不同场合和活动中的需求，提供更好的舒适性、功能性和个性化体验。定制服装品牌和设计师通过了解顾客的需求和场景，为顾客提供更好的服装解决方案，并提升定制服装的价值和竞争力。

综上所述，国际服装定制市场不仅体现了文化多样性和可持续发展的重要性，还提供了社交体验、应用新技术以及多功能性等方面的机会和挑战。这个市场在全球范围内持续发展，为顾客提供了独特和个性化的服装选择。

第三节 中外服装定制商业模式分析

中外服装定制商业模式的核心是提供个性化、定制化的服装产品和服务。它们致力于满足客户对独特风格、合身度和品质的需求，以及提供更好的购物体验。客户细分方面，它们针对特定的市场，如高端消费者、时尚潮人和特殊尺寸需求的人群等。个性化设计与定制是其关键特点，客户可以选择面料、款式、颜色等来定制服装。技术支持方面，使用 3D 扫描和虚拟试衣室等技术来获取客户数据，并利用 CAD 软件进行设计和生产。生产和交付采用定制生产模式，需要高效的供应链和生产流程。良好的售后服务也是成功的关键因素，包括修补、修改和专业的客户支持。中外服装定制商业模式可能在技术应用和合作方面存在差异，如中国公司利用互联网和移动应用技术，与设计师和名人合作以增加品牌影响力。总体而言，中外服装定制商业模式致力于满足客户需求，提供个性化、定制化的服装产品和服务。

一、中国服装定制商业模式的特点

中国服装定制行业在过去几年中迅速发展，并形成了独特的商业模式。以下是中国服装定制商业模式的主要特点：

互联网平台：互联网平台在中国服装定制行业的发展中起到了至关重要的作用。除了方便客户浏览和选择定制服装选项，并进行在线订单，互联网平台还扩展了许多其他方面的功能和优势。

定制配置：通过互联网平台，客户可以进行个性化的定制配置。它们可以选择面料、款式、颜色、尺寸等，以满足它们的个人需求和喜好。通过图文介绍和实时展示，客户可以在网页上看到服装的外观和效果，更好地了解它们的选择。

量身定制：互联网平台允许客户提供自己的身体测量数据。客户可以按照指导进行测量，并将数据输入到平台上。这使得服装能够更准确地适应客户的体型和尺寸，提供更好的合身度和舒适度。

虚拟试衣：一些互联网平台提供虚拟试衣的功能。通过上传客户的照片或选择相似体型的模特照片，客户可以在虚拟试衣室中看到服装在自己身上的效果。这为客户提供了更直观地参考，帮助它们做出更准确的定制选择。

用户评价和反馈：互联网平台提供了用户评价和反馈的功能。客户可以在平台上对定制服装的质量、工艺和服务进行评价和评论。这为其他潜在客户提供了参考和信任，帮助它们做出购买决策。

客户服务：互联网平台也提供了便捷的客户服务渠道。客户可以通过在线聊天、电子邮件或电话联系客服团队，解决任何问题或疑虑。这种即时和高效的客户服务增加了客户的满意度和忠诚度。

数据分析和个性化推荐：互联网平台收集和分析客户的数据，包括购买记录、喜好和行为等。通过运用数据分析和机器学习算法，平台可以提供个性化的推荐和定制建议，进一步满足客户的需求。

互联网平台的广泛应用使得中国服装定制公司能够更好地服务客户、扩大市场和实现商业增长。它提供了便利、个性化和互动性，为消费者带来了全新的定制体验。同时，它也为服装定制企业提供了更高效和精确的运营管理工具。

个性化定制：个性化定制是中国服装定制商业模式的核心，为消费者提供了独特而个性化的服装体验。在传统服装零售中，消费者通常只能选择已经生产好的标准尺寸的服装，无法满足每个人的身材和风格需求。而个性化定制则通过与客户的直接沟通和合作，提供了定制服装的自由度和灵活性。

在个性化定制的过程中，客户可以选择喜欢的面料，例如棉、丝、羊毛等，以及款式和设计细节，如领型、袖长、扣子等。它们还可以提供自己的身体测量数据，确保服装完全适合自己的身形和尺寸。此外，客户还可以根据个人喜好和需要添加个性化的配件，如刺绣、绣花、图案等，使服装更加独特和与众不同。

个性化定制的过程涉及与客户的密切合作，包括沟通需求、提供样品和试穿、进行修改和调整等。这种直接的互动和参与使客户能够更好地表达自己的个性和风格，同时也增强了客户对定制服装的满意度和认同感。

个性化定制的商业模式不仅满足了消费者的个性化需求，还为服装定制企业带来了商机和竞争优势。通过提供个性化定制服务，企业可以与传统服装品牌形成差异化竞争，吸引那些追求个性和独特风格的消费者。个性化定制还可以促进客户忠诚度和口碑传播，因为客户往往对定制的服装感到满意，并愿意与他人分享它们的购买体验。

另外，个性化定制也提供了更好的市场细分和定位机会。企业可以根据不同的目标客户群体开展个性化定制服务，例如针对职业人士、特定场合的服装定制等。通过深入了解客户需求和偏好，企业可以精准定位市场，并提供更具吸引力和竞争力的定制产品。

综上所述，个性化定制是中国服装定制商业模式的核心，通过提供自由度和灵活性，满足消费者对独特和个性化服装的需求。这一模式不仅满足了消费者的期望，还为企业带来了商机和竞争优势。

快速生产：快速生产是中国服装定制公司的重要商业模式，目的是通过优化供应链和生产流程，利用高效的生产设备和技术，以尽快将定制服装交付给消费者。

为了实现快速生产，服装定制公司通常与供应链合作伙伴建立紧密的关系，以确保及时应所需的面料、配件和其他材料。它们与面料供应商和工厂之间建立了稳定的合作关系，通过共享需求和计划，提前准备所需的物料，

以减少等待和运输时间。

同时，服装定制公司还通过优化生产流程来缩短制造周期。它们采用先进的生产设备和技术，如计算机辅助设计（CAD）、计算机辅助制造（CAM）、智能裁剪机等，以提高生产效率和准确性。这些技术的应用使得设计、裁剪和缝纫等制造过程更加自动化和精确化，缩短了生产周期，并降低了错误率。

此外，一些服装定制公司还利用预制组件和标准化工艺来加速生产速度。它们将一些常用的服装组件，如袖口、领子、纽扣等，提前制作好，当接到订单后，根据客户的要求进行定制组装。这种模块化的生产方式可以大大减少制造时间，同时确保产品的质量和一致性。

快速生产模式的优势在于能够满足消费者对快速交付的需求。现代消费者对服装的需求往往是即时的，它们希望能够快速获取它们定制的服装。通过采用快速生产模式，服装定制公司能够更好地满足消费者的期望，提供快速、高效的定制服务。

总的来说，快速生产是中国服装定制公司的重要商业模式，通过优化供应链和生产流程，利用高效的生产设备和技术，以尽快交付定制服装。这种模式能够满足消费者对快速交付的需求，提高客户满意度，并为企业带来竞争优势和商业增长。

设计师合作：一些中国服装定制公司与知名设计师或时尚品牌合作，以提供更多的设计选项和独特的风格。这种合作有助于增加品牌知名度和提升产品价值。

设计师合作是中国服装定制公司的重要商业模式之一。通过与知名设计师或时尚品牌合作，定制公司可以提供更多的设计选项和独特的风格，从而增加品牌知名度并提升产品价值。

与知名设计师合作可以为定制公司带来多方面的好处。首先，知名设计师通常具有丰富的设计经验和独特的创意，它们的设计作品常常备受关注和追捧。通过与它们合作，定制公司可以利用设计师的创意和设计才华，为客户提供更多样化和独特的服装选择，满足不同消费者的需求。

其次，与知名设计师合作可以增加定制公司的品牌知名度和影响力。知名设计师通常有一定的粉丝和追随者群体，它们的名字和声誉能够吸引更多的目标客户。通过与知名设计师的合作，定制公司可以借助设计师的影响力和品牌认可度，吸引更多的消费者，提高市场曝光度，并在激烈的竞争中脱颖而出。

此外，设计师合作还可以提升定制产品的价值和独特性。知名设计师通常有独特的设计风格和个人品牌形象，它们的合作作品往往具有独特的时尚元素和艺术性。这使得定制服装具有更高的品质和独特性，为消费者提供了与

众不同的时尚体验和个性化选择，从而提升产品的价值和吸引力。

综上所述，与知名设计师或时尚品牌合作是中国服装定制公司的重要商业模式之一。这种合作可以为定制公司带来更多的设计选项和独特风格，增加品牌知名度和产品价值。通过与知名设计师的合作，定制公司能够获得创意、影响力和独特性，从而满足消费者的需求，提高市场竞争力，实现商业增长。

试衣体验中心：为了提供更好的服务和体验，一些中国服装定制公司设立了试衣体验中心。客户可以预约到店试穿和测量，以确保服装的合身度和满足个人需求。

试衣体验中心是一些中国服装定制公司为提供更好的服务和体验而设立的重要商业模式。通过设立试衣体验中心，定制公司能够为客户提供更准确的尺寸测量和定制服装的试穿机会，以确保服装的合身度和满足个人需求。

试衣体验中心的主要目的是提供一个实体店面环境，让客户能够亲自到店进行试穿和测量。这样，客户可以与专业的顾问进行面对面的交流，讨论定制需求、选择面料、款式和配件等，并获得专业的建议和指导。试穿过程中，顾问会进行详细的测量，确保服装的尺寸和剪裁符合客户的身形和要求。

通过试衣体验中心，定制公司能够提供更加个性化和精确化的定制服务。客户可以亲自体验服装的质地、剪裁和舒适度，以便在定制过程中进行必要的调整和修改。定制公司可以根据客户的试穿反馈进行优化和改进，确保最终的定制服装符合客户的期望。

试衣体验中心还提供了一个展示和推广定制服装的平台。通过展示各种款式和样品，定制公司可以向客户展示其产品的质量和工艺，并传达其独特的品牌形象和设计理念。这有助于提高品牌认知度和吸引更多的潜在客户。

总的来说，试衣体验中心是中国服装定制公司的重要商业模式，通过提供实体店面环境和个性化的试穿服务，为客户提供更好的定制体验。这种模式使得定制过程更准确、更互动，并提供了一个展示和推广产品的平台。试衣体验中心的设立有助于增加客户满意度，提升品牌形象，并为定制公司带来商业增长。

数据驱动分析：数据驱动分析是中国服装定制公司的重要商业模式之一。通过利用数据分析和人工智能技术，这些公司能够收集、处理和分析客户的喜好和购买行为数据，以获得有价值的洞察和信息。

数据驱动分析的核心是收集大量的客户数据，包括但不限于购买历史、偏好、尺寸、款式偏好等。这些数据可以通过在线平台、移动应用程序、销售记录等途径收集。定制公司利用先进的数据分析工具和技术，对这些数据进

行处理和分析，以发现客户行为模式、趋势和偏好。

通过数据驱动分析，定制公司能够了解客户的需求和偏好，从而优化产品设计和市场推广策略。它们可以根据客户数据来决定何种面料、颜色、款式和配件更受欢迎，并根据这些信息来调整产品线和定制选项。此外，数据分析还可以揭示潜在的市场需求和机会，为公司提供创新和发展的方向。

借助人工智能技术，定制公司可以利用机器学习算法和预测模型来分析数据，并根据这些分析结果做出决策。例如，它们可以利用推荐系统来向客户推荐符合其偏好的产品，提高客户满意度和购买率。另外，通过数据驱动分析，定制公司还可以进行个性化营销和定制服务，向客户提供更精准和个性化的推荐和建议。

总的来说，数据驱动分析是中国服装定制公司的重要商业模式之一。通过收集和分析客户数据，这些公司能够了解客户需求，优化产品设计和市场推广策略，提供个性化的定制服务。数据驱动分析使得定制公司能够更加精确地满足客户需求，提高客户满意度，并为企业的发展和增长提供有力支持。

社交媒体推广：中国服装定制公司广泛利用社交媒体平台进行推广和宣传。通过与时尚博主、网红或明星的合作，它们增加了品牌曝光度，并吸引更多的目标客户。

社交媒体推广是中国服装定制公司的重要商业模式之一。这些公司广泛利用社交媒体平台进行品牌推广和宣传，通过与时尚博主、网红或明星的合作，提高品牌曝光度并吸引更多的目标客户。

通过与时尚博主、网红或明星的合作，定制公司可以借助它们的影响力和粉丝基础，将品牌和产品推荐给更广泛的受众。这些合作通常包括在社交媒体平台上发布定制服装的照片、视频或推荐，以及分享使用体验和个人化定制的优势。这种合作可以有效地增加品牌的知名度，并吸引潜在客户的关注和兴趣。

此外，社交媒体平台还提供了一个互动和参与的渠道，定制公司可以通过发布有关时尚趋势、穿搭建议和定制技巧的内容，与受众进行互动和交流。它们可以回答用户的问题，提供个性化的建议，并分享定制服装的故事和成功案例。通过与用户的互动，定制公司可以建立起更紧密的客户关系，增强品牌认知和用户忠诚度。

社交媒体推广还提供了一种直接的销售渠道，定制公司可以在社交媒体平台上设置购买链接或提供在线订购的方式，使客户可以直接在社交媒体上购买定制服装。这种便捷的购买方式为客户提供了更好的购物体验，同时也为定制公司提供了更多的销售机会。

综上所述，社交媒体推广是中国服装定制公司的重要

商业模式之一。通过与时尚博主、网红或明星的合作，定制公司可以提高品牌曝光度，吸引目标客户的注意力。社交媒体平台还提供了互动、销售和建立客户关系的机会，为定制公司带来商业增长和成功。

总的来说，中国服装定制商业模式通过互联网平台、个性化定制、快速生产和设计师合作等策略，提供方便、个性化和高质量的定制服装服务。数据驱动分析和社交媒体推广也起到了重要的作用，推动了该行业的发展和创新。

除了上述提到的主要特点，还有一些其他角度可以考虑中国服装定制商业模式：

定制创新：中国服装定制公司在定制创新方面进行了积极探索。品牌、企业不仅提供传统的服装定制服务，还推出了一些创新产品，如定制鞋履、定制配饰等，以满足消费者对个性化的全套服装需求。

定制创新在满足消费者个性化需求的同时，也为定制公司带来了差异化竞争优势。通过推出定制鞋履，消费者可以根据自己的喜好和需求定制独特的鞋款，从款式、颜色、材质到尺寸等方面进行个性化选择。同样，定制配饰也提供了更多选择，例如定制手袋、领带、项链等，使消费者能够完整搭配个性化的服装。

除了创新产品，定制创新还包括定制技术和定制体验的创新。定制公司积极探索先进的技术和工艺，例如 3D 扫描和打印技术，以提供更精确和符合个体需求的定制服务。同时，定制公司也注重提升定制体验，通过试衣体验中心、个性化顾问等方式，为客户提供更便捷、舒适和个性化的定制体验。

定制创新不仅能够满足消费者对个性化的需求，还为定制公司带来了市场竞争的优势。通过创新产品和技术，定制公司能够吸引更多的目标客户，提高品牌知名度和市场份额。同时，定制创新也有助于提升客户满意度和忠诚度，从而促进重复购买和口碑传播。

综上所述，定制创新是中国服装定制公司的重要商业模式之一。通过推出创新产品、探索先进技术和提升定制体验，定制公司能够满足消费者对个性化的全套服装需求，获得市场竞争优势，并提升客户满意度和忠诚度。

价格定位：中国服装定制公司通常采用不同的价格定位策略，以满足不同消费群体的需求。一些高端定制品牌专注于高品质、高价格的定制服装，而一些平价定制品牌则注重价格亲民，以吸引更多消费者。

价格定位是中国服装定制公司的重要商业模式之一。这些公司通常采用不同的价格定位策略，以满足不同消费群体的需求和预算。

一些高端定制品牌专注于提供高品质、高价格的定制服装：它们注重使用优质面料和精细工艺，以确保服装的质量和独特性。这些高端品牌通常与知名设计师合作，提供个性化的设计和定制服务，以满足高端消费者对奢华和独特性的追求。

另一方面，一些平价定制品牌则注重价格亲民，以吸引更多的消费者。品牌、企业通常采用成本控制和供应链优化的策略，以降低制造成本，并将这一优势转化为更具竞争力的定价。这些平价定制品牌注重提供基本的定制选项和款式，以满足消费者对个性化服装的需求，同时注重产品的质量和舒适性。

通过不同的价格定位策略，中国服装定制公司能够满足不同层次和预算的消费群体。高端定制品牌通过提供高品质和独特性，吸引富裕的消费者，而平价定制品牌则通过价格亲民和基本的定制选项，吸引更广泛的消费者群体。

综上所述，价格定位是中国服装定制公司的重要商业模式之一。通过不同的定价策略，定制公司能够满足不同消费群体的需求和预算，扩大市场份额并提高销售额。

社会责任：一些中国服装定制公司注重社会责任，并采取可持续发展的措施。例如，它们使用环保材料和工艺，推崇公平贸易和劳工权益，以及回馈社区和慈善活动等。

社会责任是中国服装定制公司的重要商业模式之一。这些公司注重可持续发展，并采取一系列措施来履行社会责任。

首先，一些服装定制公司致力于使用环保材料和工艺。它们选择可再生材料、有机纤维和环保染料等，以减少对环境的负面影响。同时，它们也关注产品的生命周期，努力降低废弃物和碳排放。

其次，这些公司倡导公平贸易和劳工权益。它们与供应商建立合作伙伴关系，确保供应链中的劳工获得公平的待遇和合理的工作条件。它们也关注劳工权益，禁止使用童工和强迫劳动，致力于维护劳动者的权益。

此外，一些服装定制公司积极回馈社区和参与慈善活动。它们通过捐赠一部分利润、开展社区服务项目、支持教育和环保倡议等方式，积极参与社会公益事业，回馈社会。

通过履行社会责任，中国服装定制公司不仅传递了积极的社会形象，也与消费者建立了更紧密的联系。越来越多的消费者关注企业的社会责任和可持续发展，它们更愿意选择那些具有社会使命感和可持续经营理念的品牌。

综上所述，社会责任是中国服装定制公司的重要商业模式之一。通过使用环保材料和工艺、推崇公平贸易和劳工权益、回馈社区和参与慈善活动等措施，这些公司履行社会责任，树立良好的企业形象，并与消费者建立了更紧密的联系。

O2O（Online to Offline）模式是中国服装定制行业的

重要商业模式之一。这种模式将线上和线下渠道结合起来，以提供更全面的服务和增强顾客购买体验。

首先，中国服装定制公司通过在线平台接受订单。客户可以在公司的网站或移动应用程序上浏览和选择定制服装的选项，进行尺寸测量和选择面料等。在线平台提供了方便快捷的购物体验，让客户可以随时随地进行定制服装的选购和下单。

其次，为了增加顾客的购买信任感和体验，许多定制公司在城市中心设立实体店面。这些实体店面不仅作为产品展示的场所，还提供试衣和售后服务。顾客可以预约到店试穿定制服装，确保服装的合身度和满足个人需求。此外，实体店面还提供专业的顾问团队，向顾客提供个性化的建议和定制方案，增强购物体验。

通过 O2O 模式，中国服装定制公司能够结合线上和线下的优势，提供更全面和综合的服务。在线平台提供了便捷的购物方式和订单处理，而实体店面则提供了试穿和个性化服务的机会。这种结合可以增强顾客对产品的信任感，并为它们提供更好的购物体验。

综上所述，O2O 模式是中国服装定制行业的重要商业模式之一。通过在线平台接受订单，同时在城市中心设立实体店面，中国服装定制公司能够提供更全面、便捷和个性化的服务，增加顾客的购买体验和信任感。

众包设计：一些中国服装定制公司采用众包设计模式，与广大设计师和创意人才合作。它们举办设计比赛或与设计师社群合作，以获取更多创意和新颖的设计理念，从而丰富产品线和满足不同客户需求。

这些角度展示了中国服装众包设计是中国服装定制公司的一种重要商业模式。这种模式通过与广大设计师和创意人才合作，举办设计比赛或与设计师社群合作，以获取更多创意和新颖的设计理念。

首先，中国服装定制公司通过举办设计比赛吸引设计师参与。它们可以在公司的平台上发布设计比赛，邀请设计师提交创意设计方案。这样做可以吸引不同背景和不同风格的设计师参与，为公司带来更多多样化的设计选项。

其次，这些公司也与设计师社群合作，以获取更多的创意和设计理念。它们与设计师组织或专业设计师社区建立合作关系，例如合作创办设计师联名系列，或与知名设计师进行合作。通过与设计师的合作，公司可以获取专业的设计建议和独特的设计方案，丰富产品线并满足不同客户的需求。

众包设计模式的优势在于可以汇集来自各个领域和背景的设计师的创意和想法。这为中国服装定制公司带来了更多的设计选择，可以满足不同客户的需求和偏好。同时，与设计师的合作也增加了产品的创新性和独特性，提升了

品牌形象和市场竞争力。

综上所述，众包设计是中国服装定制公司的一种重要商业模式。通过与广大设计师和创意人才合作，举办设计比赛或与设计师社群合作，公司可以获取更多创意和新颖的设计理念，丰富产品线并满足不同客户的需求。这种合作模式促进了设计创新和品牌发展。制商业模式的多样性和创新性。中国市场的巨大潜力和消费者需求的不断演变也推动了该行业的进一步发展和变革。

二、国外服装定制商业模式的特点

国外服装定制商业模式也呈现出多样性和创新性。以下是一些国外服装定制商业模式的主要特点：

高端定制：在一些国外市场，高端定制是主要的商业模式。这些公司专注于提供高品质、高价值的定制服装，并与顶级设计师或时尚品牌合作，以提供独特的设计和风格。

高端定制是国外市场的主要商业模式之一。这些公司专注于提供高品质、高价值的定制服装，并与顶级设计师或时尚品牌合作，以提供独特的设计和风格。

高端定制公司致力于提供卓越的品质和工艺。它们使用最优质的面料和材料，注重细节和手工制作的精湛技艺。每件服装都经过精心量身定制，以确保与顾客的身体尺寸和个人偏好完美匹配。

与顶级设计师或时尚品牌的合作是高端定制的一个重要特点。通过与知名设计师或品牌的合作，高端定制公司能够提供独特的设计和风格，以满足顾客对个性化和独特性的追求。这种合作带来了更多的设计创意和时尚趋势，使高端定制产品与众不同。

高端定制的价格定位通常较高，反映了产品的品质和独特性。顾客愿意为高端定制的卓越品质和个性化服务付出更高的价格，并享受与顶级设计师或品牌的关联和独特体验。

综上所述，高端定制在国外市场是一种主要的商业模式。通过提供高品质、高价值的定制服装，并与顶级设计师或时尚品牌合作，高端定制公司能够满足顾客对个性化和独特性的需求，以卓越品质和独特设计脱颖而出。

线上平台：许多国外服装定制公司主要通过在线平台进行业务。它们利用互联网和移动应用技术，为客户提供在线定制选项、测量指导和订单管理，使整个购买过程更加便捷和可追踪。

线上平台是国外服装定制公司主要的商业模式之一。通过利用互联网和移动应用技术，这些公司为客户提供在线定制选项、测量指导和订单管理，使整个购买过程更加

便捷和可追踪。

线上平台为客户提供了方便的定制选项。客户可以在网站或移动应用上浏览不同的面料、款式、颜色和配件，根据自己的喜好和需求进行选择。它们可以实时预览和调整设计，以确保最终的定制服装符合它们的期望。

测量指导是线上平台的重要功能之一。服装定制需要准确的身体尺寸，这些公司通过提供详细的测量指南和教程，帮助客户自行进行测量。一些平台甚至提供虚拟试衣功能，让客户通过上传自己的照片，在线模拟试穿定制服装。

订单管理也得到了线上平台的有效支持。客户可以轻松创建和管理自己的定制订单，包括选择设计、确认尺寸和配件、付款和跟踪订单状态。这些平台提供实时的订单更新和物流信息，使客户能够随时了解订单进展和预计交付时间。

总之，线上平台是国外服装定制公司的主要商业模式之一。通过利用互联网和移动应用技术，这些平台为客户提供方便的定制选项、测量指导和订单管理，使整个购买过程更加便捷和可追踪。这种模式为客户提供了灵活性和便利性，同时也提高了定制公司的运营效率和客户满意度。

这些公司注重打造舒适而具有个性化氛围的实体店面。店内通常采用精美的装饰和陈设，以营造高品质和独特的氛围。客户可以在这里触摸和感受不同的面料、款式和配件，与专业的销售人员进行沟通和咨询。

试衣是体验式零售的重要环节。客户可以亲自试穿不同款式和尺寸的服装，通过镜子和灯光等设施，全面评估服装的剪裁和效果。专业的销售人员也会提供意见和建议，帮助客户选择最适合的款式和尺寸。

个性化服务是体验式零售的关键要素。销售人员会与客户深入交流，了解它们的喜好、风格和需求，以提供个性化的定制建议和服务。客户可以参与设计过程中，选择面料、款式、颜色和配件，确保定制服装符合它们的期望和个人风格。

总之，体验式零售是一些国外服装定制公司的核心商业模式之一。通过精心设计的实体店面提供试衣和个性化服务，这些公司为客户创造了独特的购物体验。客户可以亲自感受和参与定制过程中，获得个性化的建议和服务，提高购物满意度和忠诚度。

社交化定制：社交媒体的崛起对国外服装定制行业产生了重大影响。一些公司利用社交媒体平台，与消费者进行互动、分享定制经验和展示最新设计，从而吸引更多的目标客户。

社交化定制是国外服装定制行业的重要商业模式之一。公司通过社交媒体平台与消费者进行互动，分享定制经验和展示最新设计，从而吸引更多的目标客户。

社交媒体平台为服装定制公司提供了广泛的展示和宣传渠道。它们可以在平台上发布定制服装的照片、视频和故事，展示产品的独特性和高品质。通过社交媒体的分享和传播，公司可以扩大品牌知名度，并吸引更多潜在客户的关注。

社交媒体还提供了与消费者互动的机会。公司可以通过评论、私信和直播等方式与消费者进行交流，了解它们的需求和反馈。这种互动不仅增强了客户与品牌之间的连接，还为公司提供了宝贵的市场洞察和改进产品的机会。

另外，社交媒体平台也成为消费者分享定制经验和推荐的重要平台。满意的客户可以在社交媒体上分享它们的定制服装照片和评价，为公司带来口碑和推广效果。这种口碑传播对于提升品牌形象和吸引新客户非常重要。

总之，社交化定制是国外服装定制行业的重要商业模式之一。通过社交媒体平台的展示、互动和口碑传播，公司能够吸引更多目标客户，增强品牌形象，并与消费者建立良好的关系。这种模式为定制公司带来了更广阔的市场机遇和潜力。

可持续发展：许多国外服装定制公司注重可持续发展和环保意识。它们采用环保材料和生产工艺，倡导可循环利用和减少浪费，以满足越来越多消费者对环境友好产品的需求。

可持续发展是国外服装定制公司关注的重要议题之一。这些公司致力于采取措施，以保护环境、减少资源消耗和降低碳排放。以下是对可持续发展的总结：

环保材料和工艺：国外服装定制公司倾向于使用环保材料，如有机棉、可回收纤维和再生面料等。同时，它们也注重采用环保的生产工艺，如水洗和染色的节能技术，以减少对环境的影响。

循环利用和减少浪费：这些公司鼓励客户选择可持续的服装设计，以便在使用寿命结束后能够进行循环利用或回收再利用。此外，它们也努力减少生产过程中的废料和浪费，通过优化生产流程和资源利用，降低对环境的负面影响。

供应链透明度：可持续发展的服装定制公司追求供应链透明度，确保其原材料和生产过程符合可持续标准。它们与符合环保和社会责任要求的供应商和制造商积极合作，确保整个供应链的可持续性。

教育与倡导：这些公司通过教育和倡导活动，提高消费者和行业的环保意识。它们分享有关可持续发展的知识、技巧和行动，鼓励消费者做出环保选择，并推动整个行业朝着更可持续的方向发展。

总之，可持续发展是国外服装定制公司的重要关注领域。通过使用环保材料和工艺、循环利用和减少浪费、提高供应链透明度以及教育与倡导，这些公司致力于推动可持续发展，并满足越来越多消费者对环境友好产品的需求。

科技创新：国外服装定制公司在技术创新方面取得了重要进展。它们利用 3D 扫描和虚拟试衣技术，以及计算机辅助设计和制造（CAD/CAM）工具，提高定制的精确度和效率。

科技创新是国外服装定制公司的重要特点之一。以下是关于科技创新的总结：

3D 扫描和虚拟试衣技术：国外服装定制公司采用先进的 3D 扫描技术，将客户的身体数据转化为数字模型。通过虚拟试衣技术，客户可以在电脑或移动设备上实时预览和调整定制服装的样式、剪裁和尺寸，以确保最佳的个性化适合度。

计算机辅助设计和制造（CAD/CAM）：这些公司利用计算机辅助设计和制造工具，如 CAD/CAM 软件，将设计师的创意转化为数字模型，并精确地控制生产过程。这种技术提高了设计和生产的效率，并确保定制服装的精确度和一致性。

智能制造和自动化：国外服装定制公司借助智能制造和自动化技术，实现生产过程的高效率和精确控制。自动化设备和机器人能够完成诸如裁剪、缝纫和整烫等工艺，提高生产效率并减少人为误差。

数据分析和人工智能：科技创新还包括数据分析和人工智能技术的应用。通过收集和分析客户数据，这些公司可以了解消费者的喜好和趋势，优化产品设计和市场推广策略。同时，它们还利用人工智能技术进行模式识别和预测分析，提高生产和供应链的效率。

总之，国外服装定制公司在科技创新方面取得了重要进展，通过 3D 扫描和虚拟试衣技术、CAD/CAM 工具、智能制造和自动化、数据分析和人工智能等技术的应用，提高了定制服装的精确度、效率和个性化程度。这些技术的应用为消费者提供了更好的定制体验，并推动了服装定制行业的发展。

客户参与：一些国外服装定制公司注重客户参与和共创。它们与客户密切合作，鼓励客户提供设计理念、参与布料选择和款式定制，从而打造出真正符合客户需求的服装。

客户参与是国外服装定制公司的重要特点之一。这些公司重视客户的意见和需求，并鼓励它们参与定制过程，共同创造独特的服装。

首先，这些公司倾听客户的意见和建议。它们通过市场调研、问卷调查和个人咨询等方式，了解客户的喜好、风格和需求。在设计阶段，它们会与客户进行深入地沟通，

以确保设计师准确理解客户的要求。

其次，客户可以参与布料选择和款式定制。这些公司提供丰富的布料样本和款式选项，让客户根据个人喜好和需求进行选择。它们也鼓励客户提出定制需求和特殊要求，例如个性化的绣花、定制的纽扣等。

此外，一些国外服装定制公司还提供试衣和调整的机会。客户可以在试衣过程中反馈服装的合身度和舒适度，以便进行必要的调整和修改。这种客户参与不仅增加了定制服装的个性化程度，还提高了客户的满意度和购物体验。

通过客户参与和共创，国外服装定制公司能够更好地满足客户的需求，打造出与众不同的服装。这种合作模式也加强了客户与品牌之间的连接和忠诚度，推动了公司的发展和口碑的提升。

这些国外服装定制商业模式体现了不同市场的特点和消费者需求。高端定制、线上平台、体验式零售、社交化定制等策略为国外服装定制行业带来了创新和发展的机会。同时，可持续发展和科技创新也是该行业的重要趋势之一。

当涉及国外服装定制商业模式时，还有以下角度可以考虑：

跨国合作：一些国外服装定制公司与不同国家的设计师、工匠和供应商合作。这种跨国合作可以带来多元化的设计风格和品质，以及全球范围内的市场渗透。

跨国合作是国外服装定制公司的重要策略之一。这些公司与来自不同国家的设计师、工匠和供应商合作，以形成多元化的设计风格和高品质的产品。

首先，跨国合作带来了多元化的设计风格。通过与来自不同文化背景和艺术视角的设计师合作，服装定制公司能够获得独特而丰富的设计理念和风格。这种多元化的设计使服装能够满足不同客户群体的需求，同时也为品牌注入了创新和时尚的元素。

其次，跨国合作可以带来高品质的产品。与优秀的工匠和供应商合作，可以确保服装定制公司获得高质量的面料、材料和制造工艺。这种合作使它们能够提供耐用、舒适且精细制作的定制服装，赢得客户的信任和口碑。

此外，跨国合作还有助于扩大市场渗透。通过与国外设计师和供应商的合作，服装定制公司可以进入新的市场，拓展海外客户群体。这种国际化的合作不仅增加了销售机会，还提高了品牌的知名度和声誉。

综上所述，跨国合作是国外服装定制公司的重要战略之一。通过与不同国家的设计师、工匠和供应商合作，它们能够获得多元化的设计风格和高品质的产品，同时拓展市场渗透。这种合作模式促进了国际的文化交流和商业合作，为服装定制行业的发展带来了新的机遇和挑战。

社区参与：一些国外服装定制公司注重与本地社区

的合作和参与。它们与当地工匠、手工艺人和非营利组织合作，支持当地产业发展，同时传承和保护当地的手工艺技艺。

社区参与是国外服装定制公司注重的重要方面之一。这些公司与本地社区的工匠、手工艺人和非营利组织合作，以支持当地产业发展并传承保护当地的手工艺技艺。

首先，与本地工匠和手工艺人的合作可以促进当地产业的发展。服装定制公司与本地的工匠合作，可以利用它们的专业技能和传统工艺，打造出独特而具有特色的定制服装。这种合作不仅为当地工匠提供了就业机会和收入来源，也推动了本地产业的发展和传承。

其次，与非营利组织的合作可以实现社会责任和可持续发展的目标。服装定制公司与非营利组织合作，可以支持社区发展项目、提供培训机会，以及参与社会公益活动。通过这种合作，公司能够回馈社区、支持弱势群体，并提升自身的社会形象和可持续发展的影响力。

此外，与本地社区的合作还可以传承和保护当地的手工艺技艺。许多国外地区有独特的手工艺传统，这些公司与本地手工艺人合作，可以帮助传承和发扬当地的手工艺技艺。通过将传统工艺与现代设计相结合，它们创造出独特而有价值的定制服装，同时保护和传承了当地的文化遗产。

综上所述，社区参与是国外服装定制公司注重的重要方面之一。通过与本地工匠、手工艺人和非营利组织的合作，它们支持当地产业发展、实现社会责任和可持续发展的目标，同时传承和保护当地的手工艺技艺。这种社区参与不仅有助于推动地方经济和文化发展，也为公司树立了积极的社会形象和品牌价值。

跨界合作：为了创新和拓宽市场，一些国外服装定制公司与其他行业的品牌或机构进行跨界合作。例如，与艺术家、音乐人、体育品牌或科技公司合作，将定制服装与其他领域的创意和技术结合起来。

跨界合作是国外服装定制公司追求创新和市场拓展的一种方式。这些公司与其他行业的品牌或机构进行合作，将定制服装与艺术、音乐、体育品牌或科技公司等领域的创意和技术结合起来。

首先，与艺术家的合作可以为定制服装注入独特的艺术元素。通过与艺术家合作，服装定制公司可以将艺术作品或图案转化为服装设计的灵感，从而打造出具有艺术性和独特性的定制服装。这种合作不仅使服装具备了艺术品的属性，也为艺术家提供了一个展示作品的平台。

其次，与音乐人或体育品牌的合作可以创造出具有特定主题或品牌故事的定制服装。服装定制公司可以与音乐人合作推出限量版定制服装系列，将音乐元素与服装设计

相结合，吸引音乐迷和时尚爱好者。类似地，与体育品牌的合作可以推出以运动为主题的定制服装，满足体育爱好者对时尚与功能的需求。

此外，与科技公司的合作可以引入创新的技术和材料，提升定制服装的品质和功能。服装定制公司可以与科技公司合作，探索智能材料、可穿戴技术或可定制化的生产工艺等创新领域，为客户提供更具前沿性和实用性的定制服装体验。

综上所述，跨界合作是国外服装定制公司推动创新和市场拓展的一种方式。通过与艺术家、音乐人、体育品牌或科技公司的合作，它们将不同领域的创意和技术融入定制服装设计中，创造出独特、具有故事性和前沿性的产品。这种跨界合作不仅为定制服装注入了新的活力，也为合作伙伴带来了更广泛的品牌曝光和市场机会。

智能化定制：随着科技的发展，一些国外服装定制公司探索智能化定制的商业模式。它们利用人工智能、机器学习和大数据分析来提供个性化的推荐和定制建议，进一步满足消费者的需求。

智能化定制是国外服装定制行业的一项创新商业模式。随着科技的发展，一些公司利用人工智能、机器学习和大数据分析等技术，为客户提供个性化的推荐和定制建议，以满足消费者的需求。

首先，利用人工智能和机器学习技术，服装定制公司可以分析和理解消费者的喜好、风格偏好和身体特征等信息。通过对海量数据的分析，它们能够建立个性化的消费者画像，从而为客户提供更准确的定制建议和推荐。

其次，基于大数据分析，服装定制公司可以发现潜在的市场趋势和消费者需求。它们可以通过分析市场数据、消费者行为和社交媒体的趋势，了解当前流行的设计元素、款式和材料，从而及时调整产品线和设计方向。

此外，智能化定制还可以提升定制服装的生产效率和质量。通过将计算机辅助设计和制造（CAD/CAM）技术与智能化生产设备结合起来，服装定制公司能够实现更精确和高效的生产过程，减少人为错误和浪费，提高产品质量和交付速度。

智能化定制不仅能够满足消费者对个性化的需求，还为服装定制公司带来了诸多好处。它可以提高客户满意度和忠诚度，增强品牌竞争力。同时，智能化定制还能够帮助公司优化供应链和生产流程，降低成本并提升效率。

综上所述，智能化定制是国外服装定制行业的一项重要创新。通过运用人工智能、机器学习和大数据分析等技术，服装定制公司能够提供个性化的推荐和定制建议，实现更高效、更准确和更具竞争力的定制服务。这种智能化的商业模式不仅能够满足消费者的需求，也为企业带来了

诸多发展机遇和竞争优势。

订阅服务：一些国外服装定制公司推出了订阅服务模式。客户可以定期订购服装定制服务，每个季度或每月收到新的定制服装，以满足它们的时尚需求和变化的季节潮流。

订阅服务模式是国外服装定制公司中的一种创新商业模式。通过订阅服务，客户可以定期订购服装定制服务，每个季度或每月收到新的定制服装。

这种模式的好处之一是方便性和时尚更新。客户无需频繁地参与定制过程，而是通过订阅服务，定期收到新的定制服装。这使它们能够跟上时尚潮流和季节变化，保持个人形象的更新和多样化。

另一个好处是个性化定制的持续性。通过订阅服务，客户可以保持与服装定制公司的关联，持续享受个性化定制的优势。它们可以提供自己的喜好和需求，以确保每个定制服装都符合其个人风格和尺寸要求。

订阅服务模式还可以提供更好的客户体验和关系建立。通过持续的定制服务，服装定制公司能够更好地了解客户的喜好和需求，进而提供更加精准和满意的定制产品。同时，订阅服务还能够建立稳定的客户关系，提高客户忠诚度和满意度。

对于服装定制公司来说，订阅服务模式也具有一定的商业优势。它可以提供更稳定和可预测的收入流，帮助公司规划和管理生产和供应链。此外，订阅服务还能够提高客户留存率和口碑效应，吸引更多新客户的加入。

综上所述，订阅服务模式是国外服装定制公司的一种创新商业模式。通过定期订购定制服装，客户可以享受方便的时尚更新和持续的个性化定制体验。这种模式不仅为客户带来便利和满意，也为服装定制公司提供了商业上的优势和发展机会。

慈善与社会使命：一些国外服装定制公司将慈善和社会责任作为商业模式的一部分。它们捐赠一部分收益给慈善机构，或者与社会项目合作，以实现社会效益和可持续发展的目标。

慈善和社会使命成为一些国外服装定制公司商业模式的重要组成部分。这些公司将社会责任视为核心价值，并采取各种方式来实现社会效益和可持续发展的目标。

一种常见的做法是捐赠一部分收益给慈善机构。这些公司将一定比例的销售收入用于支持慈善事业，例如教育、环境保护、贫困救助等。通过这种方式，它们为社会做出贡献，帮助改善弱势群体的生活条件，推动社会进步。

除了捐赠，一些服装定制公司还与社会项目合作。它们与非营利组织或社区合作，开展各种社会活动，例如提供培训机会、就业支持、环保倡议等。通过这种合作，它

们直接参与社会事务，并积极推动社区的发展和改善。

这种慈善和社会使命的商业模式不仅有助于解决社会问题，还可以为公司带来多重好处。首先，它们树立了公司的良好形象和声誉，获得了公众的认可和支持。其次，它们激发了员工的积极性和归属感，增强了团队凝聚力和员工满意度。此外，这种商业模式还能够吸引更多具有社会责任意识的消费者，扩大公司的市场份额和影响力。

综上所述，一些国外服装定制公司将慈善和社会使命纳入其商业模式中。通过捐赠和与社会项目合作，它们为社会做出贡献，推动可持续发展，并获得多重好处。这种商业模式体现了企业的社会责任和关注，为公司的长期发展注入了积极的能量。

这些角度展示了国外服装定制商业模式的多样性和创新性。跨国合作、社区参与、跨界合作、智能化定制、订阅服务和社会使命等策略，在国外服装定制行业中起到了重要的作用，推动了行业的发展和变革。

三、衬衫定制产业的机遇与挑战

衬衫定制产业面临着广阔的机遇和一系列挑战。机遇包括不断增长的个性化需求、数字化技术的发展、全球市场的拓展以及品牌建设和消费者教育的机会。然而，挑战包括市场竞争激烈、快速交付和供应链管理的压力、价格竞争和利润空间的挑战，以及法规和合规要求的需求。衬衫定制公司需要不断创新、提高服务质量、加强供应链和管理能力，并注重可持续发展，这样才能在这个竞争激烈的行业中取得成功。

（一）机遇

个性化需求增加：消费者越来越注重个性化和定制化的产品，衬衫定制能够满足它们对独特风格和合身度的需求。

个性化需求的增加是衬衫定制产业的重要机遇。如今的消费者越来越重视独特性和个性化，它们希望通过定制服装来展示自己的风格和个人品位。传统的现成衬衫难以满足消费者对合身度、款式选择和细节定制的要求，而衬衫定制可以提供完全符合个人尺寸、喜好和需求的产品。

衬衫定制能够让消费者参与整个设计和制作过程中，选择面料、颜色、款式、细节和个性化定制选项，从而打造出独一无二的衬衫。无论是职业场合、特殊场合还是个人休闲场合，衬衫定制都可以提供更好的适应性和个性化体验，使消费者感到与众不同。

此外，社交媒体的普及也促进了个性化需求的增加。消费者通过社交媒体平台获取灵感、分享时尚观点和寻找

定制衬衫的推荐。社交媒体的影响力使消费者更加关注自身形象和穿着，进一步推动了个性化定制的需求。

衬衫定制公司可以通过引入创新的技术和工艺，例如3D扫描、虚拟试衣和智能推荐系统，进一步满足个性化需求。这些技术可以提供更精确的尺寸测量、实时的试衣体验和个性化的推荐，为消费者提供更便捷、准确和满意的定制服务。

然而，个性化需求的增加也带来一些挑战。衬衫定制公司需要投入更多的人力、技术和资源来满足个性化定制的要求。供应链管理、生产效率和交付时间也是需要考虑的关键因素。同时，个性化定制往往需要更高的成本，衬衫定制公司需要在保持竞争力的同时寻找合适的价格定位策略。

综上所述，个性化需求的增加为衬衫定制产业带来巨大的机遇。衬衫定制公司可以通过提供个性化定制服务、引入创新技术和加强供应链管理来满足消费者的需求，进一步扩大市场份额并获得竞争优势。

技术创新发展：随着科技的进步，虚拟试衣、3D扫描和智能定制等技术的应用为衬衫定制提供了更多的可能性和便利性。

随着科技的进步，虚拟试衣、3D扫描和智能定制等技术正在推动衬衫定制领域的创新发展。这些技术为消费者提供了更多个性化的选择，并改变了传统衬衫购买和定制的方式。

虚拟试衣技术利用增强现实（AR）或虚拟现实（VR）技术，允许消费者在线上进行试穿，从而可以在不亲自尝试的情况下查看衬衫在自己身上的效果。通过使用虚拟试衣技术，消费者可以根据自己的身形和喜好选择最合适的款式、颜色和尺码，从而减少了实体试衣的时间和不便。

3D扫描技术则使得更精确的身体测量成为可能。传统的技术上，衬衫的定制通常需要进行多次测量，以确保合适的剪裁。但是，使用3D扫描技术，可以将消费者的身体尺寸快速而准确地捕捉到数字化模型中。这样一来，消费者只需进行一次扫描，便可以在未来购买定制衬衫时直接使用该数字模型，节省了时间和精力。

智能定制技术结合了虚拟试衣和3D扫描的优势，通过算法和人工智能技术，根据消费者的身体尺寸、偏好和风格偏好，提供高度个性化的衬衫定制方案。消费者可以在线上选择款式、面料、颜色等，系统会根据个人需求生成一个独特的衬衫设计，并将其制作成实体产品。智能定制技术不仅提供了无限的设计可能性，还提供了更好的质量和舒适度，因为每件衬衫都是根据消费者的具体身体尺寸和需求进行裁剪制作的。

此外，随着材料科学和纺织技术的进步，新型材料和纺织品的开发也为衬衫定制带来了新的机会。例如，可穿戴技术的兴起，推动了智能纺织品的发展，衬衫可以集成传感器、可穿戴设备和其他智能功能，提供更多的创新和便利性。

总的来说，虚拟试衣、3D扫描和智能定制等技术的应用正在推动衬衫定制行业的创新发展。消费者可以享受更个性化的定制体验，节省时间和精力，并获得更高质量和舒适度的衬衫产品。随着技术的不断发展，我们可以期待衬衫定制领域的更多创新和进步。

网络销售渠道：互联网的普及和电子商务的发展使得衬衫定制可以通过在线平台进行销售，拓展了市场的边界。

互联网的普及和电子商务的发展为衬衫定制提供了广阔的销售渠道，拓展市场的边界。通过在线平台进行销售，衬衫定制可以跨越地域限制，将产品推广到全球范围内的消费者。

网络销售渠道的优势在于其便利性和全天候的开放性。消费者可以在任何时间、任何地点通过网络访问衬衫定制平台，浏览产品、进行试衣、选择款式和定制选项，以及下单购买。这消除了传统实体店面的时间和地理限制，让消费者能够根据自己的方便进行购物。

通过网络销售渠道，衬衫定制品牌和供应商可以与全球范围内的潜在消费者建立联系，并扩大其市场份额。无论消费者身在何处，只要有网络连接，它们就能轻松找到并购买心仪的定制衬衫。这种全球化的销售渠道为衬衫定制品牌提供了更多的商机和潜在客户群。

此外，网络销售渠道还提供了更多的营销和推广机会。衬衫定制品牌可以利用社交媒体、电子邮件营销、搜索引擎优化等工具，将产品推广给更多的目标消费者。通过精确的定位和个性化的营销策略，品牌可以更好地与潜在客户进行互动，并提供个性化的购物体验。

然而，网络销售渠道也面临着一些挑战。消费者无法亲自试穿产品，可能对尺码和质量存在疑虑。为了克服这些问题，衬衫定制品牌可以提供虚拟试衣技术、详细的尺码指南和客户评价等，增加消费者对产品的信任度。

总的来说，网络销售渠道为衬衫定制提供了更广阔的市场和更便利的购物体验。随着电子商务的不断发展，我们可以预见衬衫定制品牌将继续利用互联网平台来创新和扩展业务

国际市场需求：随着全球化的深入发展，国际市场对个性化定制产品的需求不断增加，衬衫定制产业具有拓展海外市场的机会。国际市场对个性化定制产品的需求正在不断增加，这为衬衫定制产业提供了拓展海外市场的机会。

一方面，全球化使得不同国家和地区的消费者对个性化定制产品的兴趣日益增长。消费者越来越注重展示自己

的个性和独特性，对于与众不同的产品有更高的需求。衬衫定制可以满足消费者对独特衣着的需求，允许它们根据自己的喜好和身体需求定制衬衫，获得与众不同的服装。

另一方面，互联网和电子商务的发展使得跨境贸易更加便利，衬衫定制品牌可以利用在线平台将产品推广到全球市场。通过建立多语言的网站、拓展国际物流合作伙伴关系以及了解各国市场的特点和需求，衬衫定制品牌可以有效地进入国际市场。一些互联网平台也提供了国际化的销售渠道，为衬衫定制品牌打开了全球消费者的大门。

此外，不同国家和地区的文化和时尚趋势也为衬衫定制品牌在国际市场上创造机会。消费者对于传统和当地特色的产品有较高的兴趣，衬衫定制品牌可以根据不同国家和地区的风格和审美偏好，提供符合当地文化和时尚趋势的定制衬衫产品，从而吸引更多的国际消费者。

然而，进军国际市场也面临一些挑战，如了解不同国家和地区的法律法规、市场竞争、品牌认知度等。因此，衬衫定制品牌需要进行市场调研，制定适合国际市场的战略，并与当地的合作伙伴建立良好的合作关系，以便更好地满足国际消费者的需求。

总的来说，随着全球化的深入发展，国际市场对个性化定制产品的需求不断增加，衬衫定制产业具有拓展海外市场的机会。通过了解国际市场的需求和特点，制定相应的市场战略，衬衫定制品牌可以在国际舞台上取得成功，并实现业务的进一步增长。

品牌建设和差异化：通过有效的品牌建设和差异化策略，衬衫定制公司可以在市场中建立独特的品牌形象，吸引更多消费者并赢得市场份额。

通过有效的品牌建设和差异化策略，衬衫定制公司可以在市场中建立独特的品牌形象，吸引更多消费者并赢得市场份额。

以下是一些关键的品牌建设和差异化策略，可以帮助衬衫定制公司实现这一目标：

品牌定位和核心价值观：确定品牌的定位和核心价值观，即衬衫定制品牌所代表的独特价值和理念。这包括品牌的使命、愿景和对消费者的承诺。通过明确的品牌定位，衬衫定制公司可以在竞争激烈的市场中找到自己的独特位置，并吸引与其价值观相符的目标消费者。

独特的产品特色和设计风格：通过独特的产品特色和设计风格，衬衫定制公司可以与竞争对手区别开来。这可以包括创新的面料选择、剪裁工艺、细节设计等。通过提供与众不同的产品，衬衫定制公司可以吸引那些寻求个性化和独特衣着的消费者。

优质的客户服务和定制体验：提供优质的客户服务和定制体验是差异化策略中至关重要的一部分。衬衫定制公司可以提供个性化的定制顾问服务，为每位消费者量身定制衬衫，并提供专业的建议和支持。确保客户在整个购买过程中享受愉快的体验，从而建立良好的品牌声誉和口碑。

故事讲述和品牌故事：通过故事讲述和品牌故事，衬衫定制公司可以与消费者建立情感连接，并赋予产品更多的意义和价值。讲述品牌的起源、创始人的故事、工艺传统等，可以激发消费者的共鸣，并增强它们对品牌的认同感。

市场营销和推广活动：通过有效的市场营销和推广活动，衬衫定制公司可以提升品牌知名度和曝光度。这包括广告宣传、社交媒体营销、参展活动等。在市场推广中，强调品牌的独特性和价值，与目标消费者进行有效地沟通，以吸引它们的关注和兴趣。

通过以上策略，衬衫定制公司可以建立起独特而有吸引力的品牌形象，与竞争对手区别开来，并吸引更多的消费者选择其产品和服务。同时，差异化的品牌形象还能够帮助衬衫定制公司建立忠实的客户群体，促进品牌的长期发展和市场份额的增长。

消费者教育和意识提升：积极开展消费者教育活动，提升消费者对衬衫定制的认知和理解，可以帮助拓展市场规模和培养忠实客户群体。

积极开展消费者教育活动，提升消费者对衬衫定制的认知和理解，是拓展市场规模和培养忠实客户群体的关键。

消费者教育的目标是向潜在消费者传达关于衬衫定制的优势和价值，以及如何正确选择和定制衬衫的知识。以下是一些方法和途径可以用来提升消费者的教育和意识：

信息发布和内容营销：通过网站、博客、社交媒体等渠道，向消费者提供有关衬衫定制的相关信息和教育内容。这些内容可以包括如何正确测量尺寸、选择面料和款式、了解不同剪裁风格等。通过定期发布有用和有趣的内容，吸引消费者的注意力，增加它们对衬衫定制的兴趣和了解。

虚拟试衣和体验活动：举办虚拟试衣活动或提供在线试衣功能，让消费者能够亲身体验衬衫定制的便利和个性化。这样的活动可以帮助消费者更好地理解衬衫定制的过程和效果，激发它们的购买欲望。

定制顾问和个性化建议：提供专业的定制顾问服务，为消费者提供个性化的建议和定制方案。定制顾问可以根据消费者的身体尺寸、风格偏好和需求，推荐最适合的衬衫款式、面料和剪裁，帮助消费者做出明智的选择。

产品演示和展示活动：举办衬衫定制产品的展示活动，让消费者能够亲自触摸和体验定制衬衫的质地和工艺。通过展示高品质的衬衫样品，消费者可以更直观地了解衬衫定制的价值和优势。

培养口碑和客户案例：通过客户案例和口碑宣传，向潜在消费者展示衬衫定制的成功案例和客户满意度。消费者更倾向于相信其他消费者的真实经验和评价，因此积极培养口碑和推广客户的满意可以有效地提升消费者的信任度和意识。

通过这些消费者教育和意识提升的方法，衬衫定制品牌可以帮助消费者更好地理解和欣赏个性化定制的价值，从而拓展市场规模并培养忠实的客户群体。这些教育活动也可以增加消费者对衬衫定制的信任度，促进它们主动选择定制衬衫，进一步推动衬衫定制产业的发展。

（二）挑战

竞争激烈：衬衫定制市场竞争激烈，存在众多的品牌和玩家，公司需要不断提升产品质量和服务水平，保持竞争优势。

面对众多的品牌和竞争对手，衬衫定制公司确实需要不断提升产品质量和服务水平，以保持竞争优势。以下是一些关键的策略，可以帮助衬衫定制公司在竞争激烈的市场中脱颖而出：

优质的产品质量：衬衫定制公司应该致力于提供优质的产品质量。这包括选择高品质的面料、注重剪裁和工艺的精细度、注重细节和装饰的质量等。通过确保产品质量的一致性和卓越性，衬衫定制公司可以赢得消费者的信任和忠诚度。

创新与研发：不断进行产品创新和研发是保持竞争优势的关键。衬衫定制公司可以通过引入新的设计风格、面料技术、工艺创新等来提升产品的吸引力和独特性。积极关注时尚潮流和消费者需求的变化，并及时调整和更新产品线，以满足市场需求。

个性化定制和客户体验：个性化定制和优质的客户体验是衬衫定制市场中的重要竞争因素。衬衫定制公司可以通过提供个性化的定制服务，与每位客户建立紧密的联系，并根据客户的需求和偏好提供专业的建议。同时，关注客户的反馈和意见，不断改进和优化服务流程，提供更愉快和无缝的购物体验。

品牌建设和营销：建立强大的品牌形象和有效的营销策略是在竞争激烈的市场中脱颖而出的关键。衬衫定制公司应该注重品牌的独特性和与目标消费者的共鸣，通过差异化的品牌定位和宣传活动吸引消费者的注意力。利用多种渠道进行市场营销，包括线上广告、社交媒体、合作推广等，以扩大品牌影响力和市场份额。

服务和售后支持：提供优质的售前和售后服务是赢得客户满意度和口碑的关键。衬衫定制公司应该建立高效的客户服务团队，及时回应客户的问题和需求。同时，提供灵活的售后支持和退换货政策，确保客户的购物体验无忧。

综上所述，衬衫定制公司在竞争激烈的市场中需要持续提升产品质量和服务水平，不断创新和满足消费者需求，以保持竞争优势并获得市场份额的增长。

供应链管理：衬衫定制需要处理多个环节的供应链，包括面料采购、生产制造和配送等，对供应链管理的要求较高。

由于衬衫定制涉及多个环节和各种资源，有效的供应链管理可以确保产品的质量、交付时间和客户满意度。以下是一些关键的供应链管理实践：

供应商选择和管理：衬衫定制公司应该选择可靠的供应商合作伙伴，特别是面料供应商。优质的面料是制作高质量衬衫的关键因素。与供应商建立稳定的合作关系，并定期评估供应商的绩效和产品质量，以确保供应链的可靠性和稳定性。

生产计划和排程：有效的生产计划和排程是确保衬衫定制流程顺畅的关键。根据市场需求和订单量，制定合理的生产计划，并确保生产资源的充分利用。同时，建立生产监控系统，跟踪生产进度和质量，及时发现和解决问题，以保证及时交付客户订单。

库存管理：衬衫定制公司需要对面料和成品的库存进行有效管理。通过准确的库存预测和定期的库存盘点，避免库存过剩或不足的情况。合理安排供应和生产，以满足客户需求，并尽量减少库存成本和风险。

物流和配送：物流和配送环节对于衬衫定制的及时交付至关重要。建立高效的物流合作伙伴关系，确保产品能够按时准确地送达客户。跟踪物流过程，提供客户可追踪订单的透明度和可见性，以增强客户满意度。

技术支持和数字化转型：利用技术和数字化解决方案来优化供应链管理是一种重要的趋势。衬衫定制公司可以使用供应链管理软件来跟踪和管理整个供应链流程，提高生产效率和响应速度。同时，数字化转型还可以提供更好的数据分析和决策支持，以优化供应链运作。

通过有效的供应链管理，衬衫定制公司可以实现供应链的高效运作，确保产品质量和交付准时性，提升客户满意度并在竞争激烈的市场中获得竞争优势。

定制体验和售后服务：提供优质的定制体验和售后服务是衬衫定制产业的重要挑战，包括准确的尺寸测量、精细的工艺制作和及时的售后支持等。

以下是一些关键的实践，可以帮助衬衫定制公司提供优质的定制体验和售后服务：

准确的尺寸测量：准确的尺寸测量是定制衬衫的关键。衬衫定制公司应该提供详细的测量指导，并可以提供在线测量工具或专业测量师的支持。确保消费者能够准确提供自己的身体尺寸，以便制作出合身的衬衫。

精细的工艺制作：衬衫定制公司应该注重工艺的精细度和对细节的关注。通过高质量的缝制和手工工艺，确保每件衬衫都符合消费者的要求和期望。提供不同的款式和选项，以满足不同消费者的喜好和风格需求。

个性化定制和专业建议：衬衫定制公司可以提供个性化的定制服务，包括面料选择、领型、袖口、扣子等方面的定制选项。同时，定制顾问可以提供专业的建议和指导，帮助消费者做出更好的选择。

及时的售后支持：衬衫定制公司应该提供及时的售后支持，解决消费者的问题和需求。这包括处理尺寸调整、维修和换货等事宜。快速响应和解决客户的问题，能够增强客户的信任和满意度。

客户反馈和改进：衬衫定制公司应该积极收集客户的反馈和意见，以不断改进和优化产品和服务。通过定期的调查和评估，了解客户的满意度和需求，以提供更好的定制体验和售后支持。

通过提供优质的定制体验和细致的售后服务，衬衫定制公司可以赢得消费者的信任和忠诚度。定制衬衫是一种个性化的产品，消费者希望得到专业的定制建议和满意的售后支持。通过关注定制体验和售后服务，衬衫定制公司可以树立良好的品牌形象，并在市场中脱颖而出。成本控制：衬衫定制通常需要更高的成本投入，包括面料成本、工艺费用和人工成本等，公司需要有效控制成本，同时提供具有竞争力的价格。

成本控制对于衬衫定制公司确实非常重要。以下是一些关键的措施，可以帮助衬衫定制公司有效控制成本并提供具有竞争力的价格：

成本控制：衬衫定制通常需要更高的成本投入，包括面料成本、工艺费用和人工成本等，公司需要有效控制成本，同时提供具有竞争力的价格。

供应链优化：与供应商建立紧密的合作关系，以获取更优惠的面料和原材料价格。通过批量采购、协商和长期合作，获得更有竞争力的成本优势。同时，优化供应链管理，减少库存积压和物流成本。

成本分析与监控：建立完善的成本核算和控制系统，对各个环节的成本进行分析和监控。定期评估各项成本，并采取相应的措施降低成本。例如，寻找可替代的面料和材料，优化生产工艺，控制人工成本等。

生产效率提升：优化生产流程，提高生产效率，降低人力成本和生产周期。采用自动化和数字化技术，减少人工操作和错误，提高生产的准确性和效率。同时，注重员工培训和技能提升，提高员工的生产效率和增强质量意识。

简化产品线和定制选项：精简产品线和定制选项，减少库存和生产成本。专注于核心产品和热销款式，避免过多的产品变化和库存积压。根据市场需求和客户反馈，合理确定产品种类和定制选项，以提高生产效率和成本控制。

合理定价策略：根据市场需求和成本分析，制定合理的定价策略。考虑到成本、竞争对手的定价和客户的支付能力，确保价格具有竞争力，同时能够覆盖成本和获取合理的利润。

创新和合作：通过技术创新和合作，降低成本并提高竞争力。探索新的材料和工艺，寻找成本效益更高的解决方案。与相关行业和供应商合作，共享资源和技术，降低研发和生产成本。

通过有效的成本控制，衬衫定制公司可以在保证产品质量的前提下，提供具有竞争力的价格，吸引更多消费者并保持市场份额。不断优化成本控制策略，并与供应商、合作伙伴和客户保持紧密合作。

总的来说，衬衫定制产业面临着机遇和挑战。利用个性化需求增加、技术创新发展和网络销售渠道等机遇，同时应对竞争激烈、供应链管理、定制体验和成本控制等挑战，衬衫定制公司可以在市场中获得成功并不断成长。

第四章　高级男衬衫的工艺制作

近些年来，随着我国人民的审美观点以及消费水平的提高，人们对服装的款式更新和工艺标准有了更高的要求。作为实用性和艺术性相融合的服装，其优劣结果，除了款式造型设计和原辅料配用等因素外，很大程度上是服装制作水平所体现的。服装作为人类的文明产物，是社会生产力水平的象征。随着我国的经济发展和改革开放的逐渐深化，整个服装行业有了很大的进步和提高。尤其是我国加入世界贸易组织之后，服装行业有了更大的发展空间，同时也面临更加严峻的考验。但是从我国服装的从业人员水平和大部分工厂所使用的机器现代化程度来看，服装缝制过程中许多具体的工艺和操作方法，如不借助形象化的图像，仅仅依靠文字，是难以表达清楚的。

因此，服装工艺设计成了开展服装生产的关键，对服装生产过程及产生的规格和质量担负有第一位的责任，同时也是服装产品质量的重要保证，是满足服装工艺设计需要的重要环节。在这些前提和条件下，要求服装工艺设计更加严谨和科学。

第一节　款式描述与质量要求

一、款式描述

款式图如图 4-1 所示，本款男衬衫采用经典的七粒扣设计，彰显沉稳大方的绅士气质。衬衫领型为标准方形领，由翻领和领座构成，上下领均有衬布，使领型更加挺括有型。衬衫采用常规的长袖设计，袖口处开有袖衩，增加了穿着的舒适性。门襟部分采用翻门襟设计，既美观大方，又不失庄重。后衣片上装有育克，可调节衣身宽度，使穿着更加贴合。衣身腰部设计有省道，收束腰身线条，凸显男士挺拔的身材。底摆采用燕尾形设计，细节处卷边、辑明线，体现了衬衫的精致感。袖子和侧缝均采用包缝工艺，内缝线不外露，提升了成衣的整洁度与高级感。

男衬衫的尺寸根据体型可分为 A（胸腰差为 12~16cm），B（胸腰差为 7~11cm），C（胸腰差为 3~6cm），中国人的体型一般是 A 为主，以此为准，普遍应用的尺码为 S（165/80A）、M（170/84A）、L（175/88A）、XL（180/92A）、XX（185/96A）L、XXX（190/100A）等（不同衬衫品牌有体型差异）。

表 4-1 所示是男衬衫的各部位尺寸。

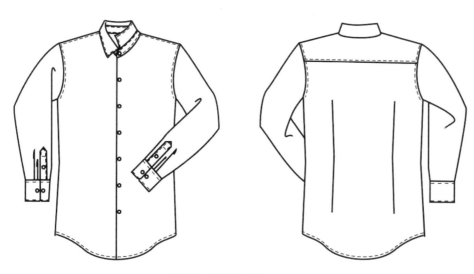

图 4-1　衬衫款式图

表 4-1 衬衫成衣规格表（号型 170/88A） 　　　　　　单位：cm

男衬衫规格							
号型	胸围（B）	肩宽（S）	衣长（L）	袖长（SL）	领围（N）	翻领高（TCW）	低领高（BH）
170/88A	108	46.4	76	63.5	40	3.5	2.8

二、缝制工艺特点

近年来，随着人们生活水平的提高和审美观的变化，衬衫的种类也不断地翻新。男式衬衫已经打破传统款式一统天下的格局，开始向多元化发展。在面料的选择上注重其天然性，更多地选择棉、麻、丝、毛等穿着平滑、柔软和透气性强的天然纤维织物；在款式的变化上更注重迎合不同场合下穿着的需要。

衬衫是穿在西服套装内或内衣之外的兼做外衣的服装品种，也是人们日常生活中需求量很大的成衣类别。其工艺是领衬用树脂衬，上袖子和大衣身分别采用平缝的方式（绱袖时先缩缝袖山弧线，使其与和袖窿弧线等长时才能缝合），然后锁边，袖衩采用自卷袖衩或直袖衩等，下脚边锁边后直接卷边压明线。

由于现在衬衫生产设备的专业化程度较高、生产效率的平均水平在业内也是相对较高的，较多的采用吊挂生产流水线缝制，机械化整烫包装，设备专业化、自动化程度较高。尽管衬衫生产的工艺不怎么复杂，但是产品款式细节的变化也很多，因此进行工艺卡设计从而优化流水线是非常重要的。

三、质量总体要求

衬衫的总体质量要求是指整体外观应做到：折叠端正、整烫平服、无烫黄、无污渍、无极光、无印花水印、外观整洁；面料无明显疵点，无色差；各部位线路顺直、牢固；规格尺寸准确；对条、对格、对花部位符合规定；下摆卷边宽窄一致，门襟宽窄一致，纽扣与纽位一致对齐。商标标识准确、端正、牢固；包装完整。

四、各部位质量要求

各部位质量要求如表 4-2 所示。

表 4-2 各部位质量要求

序号	检测部位	质量要求标准
1	折叠、外观	折叠端正，无歪斜。商标、尺码标位置端正、准确 领窝圆顺、大小对称，底领不外露 熨烫平服
2	领子	领面平服，松紧适宜，无气泡、渗胶。明线顺直，无跳针，无接线 领尖无断尖，领豁口大小适宜，领子大小一致，领头圆顺对称，线路整齐，止口无反吐，底领无褶皱 绱领定位准确，无偏斜
3	门襟	门襟平服，松紧适宜，宽窄一致，线路顺直，双明线宽窄一致，无接线、断线 锁眼间距均匀，无漏针、断线，开到利落，无线头 扣位与眼位相符 钉扣要牢固，纽扣大小一致，无残扣。门里门襟长短一致
4	前身	过肩：线路顺直，松紧适宜 口袋：位置端正，线路顺直，封口大小一致、牢固 底摆：折边宽窄一致、线路顺直，圆底摆圆度一致
5	袖子	上袖：绱袖吃势均匀，袖窿明线宽窄一致，松紧适宜，底十字缝应相对 袖开衩：应顺直，长短符合要求，袖开衩中间扣位准确 袖头：袖头圆顺或方正，线路顺直，止口无反吐，眼位与扣位相对 两袖长短一致，两袖口大小应一致，袖头圆顺方向一致
6	后身	后领口：去吃势 过肩：线路顺直，松紧适宜，后褶大小，距离一致 摆缝：线路顺直，松紧适宜 底摆：折边宽窄一致，熨烫平服
7	衫里	各部位包缝线牢固，无脱落，线头缝头大小一致 洗涤、成分标志位准确

第二节 设备与工艺流程

一、衬衫生产所需的设备

一般而言，衬衫生产所需的设备如表 4-3 所示。

表 4-3 衬衫生产设备明细表

序号	设备名称
1	裁剪台
2	带刀裁剪机
3	直刀裁剪机
4	高速平缝机
5	高速电脑平缝机
6	包缝机
7	双针缝纫机
8	领角定型机
9	高速带刀平缝机
10	衬衫压领机
11	带式粘合机
12	抽湿烫台
13	吸线头机
14	铺布机
15	平头锁眼机
16	钉扣机

二、衬衫生产的工艺流程

衬衫生产的工艺流程分为三个部分：裁剪工艺流程（图 4-2）、缝纫工艺流程（图 4-3）、整烫、包装工艺流程（图 4-4）。

进料（面料拆包） → 性能测试 → 验布 → 量门幅 → 铺料 → 排料 → 开裁 → 验片 → 分包 → 编号 → 扎包 → **送缝纫车间**

图 4-2　裁剪工艺流程

验收发料 → 前身加工 → 后身加工 → 领子加工 → 袖子加工 → 衣片缝合 → 锁眼 → 钉扣 → 成衣检验 → **送整烫包装车间**

图 4-3　缝纫工艺流程

剪线头 → 吸线头 → 熨烫 → 挂吊牌 → 小包装 → 大包装 → **成品出厂**

图 4-4　整烫、包装工艺流程

第三节 CAD制图

在现代服装制造业中，CAD（计算机辅助设计）技术已经成为不可或缺的重要工具。CAD 制图不仅能够极大地提高制图的效率和精度，还能够方便地进行款式设计和工艺优化，为服装生产提供更加智能化、数字化的解决方案。在男衬衫的制作过程中，运用 CAD 技术进行制图，可以精准地呈现设计师的创意，同时为后续的排料、裁剪、车缝等环节提供可靠的数据支持。常见的 CAD 制图方式有修改型、绘图型两种。

一、修改型制图方式

这是服装 CAD 系统最初的工作模式。早期的服装 CAD 系统主要是为了应付工业化系列生产中号型系列纸样的快速制作，也就是推版、放码，因此在打版方面的功能并不强，只是提供了一些修整工具用于修改通过数字化读取设备输入的样版图形。这种类型的服装 CAD 系统通常的硬件搭配方式为数字化仪、电脑、绘图仪或一体化裁床。系统的工作过程可以分为以下几个部分：

（一）样版形状录入

使用数字化仪将已经用手工方式绘制好的服装结构样版（草图）或者服装实样描入服装 CAD 软件系统。数字化仪是修改型服装结构制图的核心录入部分，由定位游标和感应板组成，工作时将样版或实物平整放置在感应板的有效感应区域内，用定位游标上的不同按钮来分别定位样版或实物上的点和线。整个过程接近于常规的纸笔描图过程。

（二）样版修正

在系统中使用软件提供的点、线调整工具对录入的样版进行修正。

（三）样版输出

将修正的样版用宽幅绘图仪打印输出或直接用一体化裁床得到裁片。在计算机辅助裁剪系统中，设计获得的样版可以直接输入到裁床控制系统进行裁剪。

二、绘制型制图方式

使用服装 CAD 软件直接在计算机中完成从草图到工业纸样的所有结构制图工作，相当于用鼠标代替笔，软件代替尺，电脑代替绘图桌。国内自主开发的服装 CAD 系统多属于这种类型，这和我国现在服装生产行业的特点有直接关系。

绘图型服装 CAD 系统对操作人员的要求较高，需要操作人员既要有扎实的服装结构设计能力，同时又要能熟练地操作计算机进行绘制图形。

绘图型服装 CAD 系统与修改型服装 CAD 系统的区别主要在样版设计部分，而样版输出部分则基本相同。

三、CAD 制图方法

专业服装 CAD 软件在制图方面相对 AutoCAD 有许多的不同，主要的区别是在对服装结构设计工作的细节支持上。

一般情况下，专业服装 CAD 均会要求对尺寸规格系列的输入，这样可以直接地控制绘制图形的准确度。有个别软件更可通过尺寸表中的各号型数据信息，直接在绘制样版的同时完成放码的工作，也就是所谓的自动放码功能。除此之外，专业服装 CAD 均对绘图工具做了相应的调整以适应服装结构制图的需要。

在 CAD 软件中，最常见的绘图方法有以下两种：

（一）点画法

支持这类画法的服装 CAD 软件通常有下列工具或功能：

点偏移工具——直接输入相对坐标来绘制点或者线的

工具；半径圆工具——指定圆心后输入半径来绘制圆形的工具；角度线工具——指定参考线，输入角度以及线长来绘制夹角的工具。

大多数服装 CAD 软件中又有与这三个工具相同和相近的工具或功能，这三个工具搭配曲线工具，基本上就可以完成所有的服装结构草图绘制。下面以富怡服装 CAD 为例介绍这种画法的特点。

简单的样版往往只需使用点偏移工具这一种类型的工具就可以完成框架草图的绘制，当要绘制较复杂图形时，还需要使用到其他工具，如角度线和半径圆等工具。必须强调，点偏移工具在软件中并非单一的工具，在许多软件中往往由几个工具组合而成，或者是在常规点偏移的基础上演变而成。富怡服装 CAD 打版模块中的 T 尺以及连线工具等就属于点偏移工具。

点偏移画法与常规服装制图的点画法是相通的，在计算机内实现点定位作图要比使用绘图板进行绘制轻松许多，而且能够减少绘制过程中的人为误差。

（二）线画法

这种画法来源与常规画法，和 AutoCAD 的主要绘制模式相似，基本依靠平行线工具来进行框架的定位，通过各个平行线的交点来确定服装结构特征点，然后再将这些点进行连接而形成样版上的曲线。

在线画法中，最主要的工具就是平行线工具，而且，在许多的专业服装 CAD 软件中，如果系统只能够使用线画法的话，那么这个系统内将不存在直接点的概念，取而代之的是线的相交点。如果是软件开发未达到理想状态，以线画法为主的服装 CAD 软件，往往还需要进行相交线段求交点的操作才能得到所需要的交点。

在线画法软件中，同样有半径圆、角度线等工具用于直 / 弧线段等分、直 / 弧线段定长、角度定长、平行、点偏移定位、曲线复制等绘图操作。

四、CAD 制图流程

（一）准备工作

在开始 CAD 制图之前，需要进行一些必要的准备工作，以确保制图过程的顺利进行。

选择合适的 CAD 软件：市面上有多种服装 CAD 软件可供选择，如 CLO3D、Lectra、Gerber 等。不同软件的操作界面和功能特点可能有所差异，应根据实际需求和个人偏好，选择最适合自己的软件。

确定衬衫尺寸参数：在制图之前，需要根据款式设计和目标消费者的身材特点，确定衬衫各部位的尺寸参数，如衣长、胸围、肩宽、袖长等。这些尺寸参数是制图的重要依据,直接影响成衣的合身性和舒适度。

建立基本图层:为了使制图过程更加有序和清晰,可以在 CAD 软件中建立衬衫制图的基本图层,如前片图层、后片图层、袖子图层、领片图层等。不同部位的制图内容将在相应的图层中完成,方便后续的编辑和修改。

(二)制图步骤

在完成准备工作后,就可以正式开始男衬衫的 CAD 制图了。一般包含以下的操作步骤:

绘制衬衫基础线:根据确定的尺寸参数,在 CAD 软件中绘制衬衫的基础线,如前中线、后中线、肩线、袖窿线等。这些基础线是制图的骨架,为后续的部位绘制提供参考和对齐的基准。

绘制前后片:以基础线为基准,绘制衬衫前片和后片的轮廓线。在绘制过程中,需要根据款式设计的要求,对衣片进行细节设计,如省道的位置和形状、门襟的宽度和形式等。在这一过程中,可以灵活运用 CAD 软件提供的绘图工具,如直线工具、曲线工具、圆弧工具等,来精准呈现设计效果。

绘制袖子:袖子是衬衫的重要组成部分,其制图质量直接影响到成衣的外观和穿着舒适度。需要根据袖山、袖窿、袖口等部位的尺寸和形状,绘制袖子的轮廓线。同时,还要考虑袖衩的位置和长度,并在相应位置绘制袖衩线。

绘制领片:领型是衬衫款式设计的重要体现,不同的领型可以营造出不同的风格和气质。在绘制领片时,需要根据领型设计,精确绘制上领、下领、领座等部位的轮廓线。领片的制图要求较高,需要细心调整曲线的走势和平滑度,以达到理想的效果。

绘制其他部件:除了主要部件外,衬衫还可能包含一些其他的设计细节,如口袋、袖头、背衩等。需要根据款式设计的要求,在相应位置绘制这些部件的轮廓线。CAD 软件提供了丰富的绘图工具和图库资源,可以灵活运用,快速完成细节部件的制图。

添加缝份:在完成各部位轮廓线的绘制后,需要根据工艺要求,在轮廓线外添加适当的缝份。缝份的宽度需要综合考虑面料特性、车缝工艺、成衣舒适度等因素,一般在 1~2cm。CAD 软件通常提供了自动添加缝份的功能,可以根据需要进行设置和调整。

标注尺寸:为了方便后续的工艺制作和品质控制,需要在制图中标注关键尺寸,如衣长、胸围、肩宽、袖长等。尺寸标注应当清晰、准确,并符合行业标准和惯例。CAD 软件提供了智能标注工具,有助于快速完成尺寸标注,同时避免人工标注可能出现的错误。

第四节 CAD排料图

在服装生产流程中,排料是一个至关重要的环节。排料的目的是在面料上合理排列制图版型,以最大限度地提高面料利用率,减少浪费,同时还要兼顾生产效率和品质要求。在现代服装生产中,CAD 排料技术已经得到广泛应用,极大地提高了排料的精度和效率。

一、排料的基本原则

在进行排料之前,需要了解一些基本的排料原则,这些原则是确保排料质量和效率的重要依据。

(一)最大化利用面料

排料的首要目标是最大限度地利用面料,尽可能减少面料的浪费。要根据面料的特性和制图版型,合理安排排料方式,使面料的利用率达到最优。

(二)遵循面料的经纬向

在排料时,必须充分考虑面料的经纬向。一般情况下,制图版型应当按照面料的经向排列,以确保服装的悬垂性和穿着舒适度。对于某些特殊面料,如条纹、格子等,还需要考虑图案的对齐性和连续性。

(三)考虑面料的疵点和瑕疵

面料在生产和运输过程中难免会出现一些疵点和瑕疵,如污渍、破洞、织疵等。在排料时,要尽量避开这些疵点和瑕疵,或者将其排布在服装的不显眼部位,以确保成衣的品质。

(四)符合生产工艺要求

排料方式需要符合后续生产工艺的要求,如裁剪、车缝等。因此,需要在排料时预留适当的裁剪和缝制余量,并考虑裁片的搬运和堆放方式,以提高生产效率和品质。

（五）兼顾生产成本

排料方式会直接影响到生产成本。因此，排料时应注意在保证品质的前提下，选择最经济、最高效的排料方式，以控制生产成本，提高企业的竞争力。

二、常用的排料方式

在CAD排料中，可以根据面料特性、制图版型、生产工艺等因素，把排料方式分为直排、斜排、旋转排料、双向排料、组合排料等，在实际中灵活选择不同的排料方式。

直排：直排是最简单、最常用的一种排料方式。它是将制图版型按照面料的经向直线排列，中间不留空隙。直排适用于大多数常规面料和制图版型，排料效率高，面料利用率也相对较高。

斜排：斜排是将制图版型按照一定角度（通常为45度）倾斜排列在面料上。斜排可以有效避免因经纬向拉伸不均而造成的服装变形问题，特别适用于斜纹面料和某些需要特殊裁剪的制图版型。但斜排会在版型之间产生一定的空隙，面料利用率相对较低。

旋转排料：旋转排料是将制图版型按照不同角度（如90度、180度）旋转排列在面料上。旋转排料可以提高面料利用率，特别适用于不规则制图版型和小批量生产。但旋转排料对制图版型的摆放位置要求较高，排料难度相对较大。

双向排料：双向排料是将制图版型在面料的经向和纬向上同时排列，充分利用面料的双向性能。双向排料可以显著提高面料利用率，但对制图版型的设计和排布要求较高，排料难度也相对较大。

组合排料：组合排料是将不同款式、不同尺码的制图版型组合在一起进行排料。组合排料可以充分利用面料，提高生产效率，特别适用于多品种、小批量的生产模式。但组合排料对排料人员的经验和技能要求较高，需要综合考虑各种因素，合理安排版型组合。

三、CAD排料的操作步骤

（1）导入制图版型：将需要排料的制图版型文件导入CAD排料软件中。常见的制图版型文件格式包括DXF、AI等。导入时需要检查版型的完整性和准确性，必要时进行修改和优化。

（2）设置排料参数：根据面料特性和生产要求，设置排料的相关参数，如面料幅宽、缩率、针距、裁剪余量等。合理的参数设置可以确保排料的精度和质量。

（3）选择排料方式：根据面料特性、制图版型、生产工艺等因素，选择适当的排料方式，如直排、斜排、旋转排料等。不同的排料方式会影响面料利用率和生产效率，需要根据实际情况进行权衡。

（4）自动排料：利用CAD软件的自动排料功能，快速生成排料方案。自动排料可以在设定的参数范围内，自动搜索最优的版型排布方案，大大提高了排料效率。但自动排料的结果并不总是最优的，需要进行必要的检查和调整。

（5）手动优化：在自动排料的基础上，还需要进行手动优化，以进一步提高面料利用率。手动优化可以根据实际情况，对版型的位置、角度、组合等进行微调，找到最优的排料方案。手动优化需要排料人员具有丰富的经验和专业技能。

（6）输出排料图：优化完成后，可以输出最终的排料图。排料图需要包含完整、准确的排料信息，如版型位置、尺寸、数量、裁剪标记等。排料图的格式和比例需要符合生产要求，方便后续的裁剪和管理。

四、排料的注意事项

为了确保排料的质量和效率，在实际操作中还需要注意以下几点：

（1）认真分析面料特性：不同的面料在排料时有不同的要求。因此需要全面了解面料的幅宽、厚薄、弹性、图案等特性，并根据这些特性选择适当的排料方式和参数设置。忽视面料特性可能会导致面料浪费、车缝困难等问题。

（2）合理安排裁片方向：裁片方向对服装的外观和性能有重要影响。一般情况下，应当按照面料的经向排料，使裁片的受力方向与服装的悬垂方向一致。但对于某些特殊面料或款式，需要根据具体要求调整裁片方向，如斜纹面料的裁片方向应与斜纹线垂直。

（3）注意图案的连续性：对于带有条纹、格子等规则图案的面料，需要特别注意排料时的图案连续性。裁片之间的图案应当连贯、对称，避免出现错位、断裂等问题。这需要操作人员在排料时精确控制版型的位置和间距，必要时可以手动微调。

（4）预留适当的缝份和余量：在排料时，需要为裁片预留适当的缝份和余量。缝份是为了便于后续的缝制和包边，一般根据面料厚薄和车缝工艺要求设定。余量是为了应对面料的缩水和变形，一般根据面料的材质和性能设定。预留过多会造成面料浪费，预留不足则会影响服装品质。

（5）优化排料组合：在排料时，要尽可能优化版型的组合方式，提高面料利用率。这需要充分利用面料的空隙，合理搭配不同尺码和款式的版型。同时，还要注意版型之间的间距，避免过于紧凑而影响裁剪质量。优化排料组合需要排料人员具有丰富的经验和空间想象力。

（6）复核排料结果：在输出排料图之前，必须认真复核排料结果，检查是否存在错漏、冲突等问题。复核内容包括版型位置、数量、方向、间距等，确保排料图的准确性和可用性。必要时，还需要进行小批量试裁，以验证排料方案的可行性和优化空间。

第五节　裁剪

裁剪是服装生产中的一道重要工序，它是将排料后的面料按照版型切割成符合要求的裁片，为后续的缝制做准备。裁剪工序的质量直接影响服装的外观、尺寸和品质，因此，必须严格控制每个环节，确保裁片的精度和一致性。

一、裁剪前的准备工作

裁剪前的准备工作包括排版、画粉、铺布等，这些工作直接影响到后续裁剪的效率和质量，必须严格按照要求进行。

（一）排版

排版是将CAD排料图打印出来，并将其按照一定顺序和位置排列在铺布台上的过程。排版的目的是方便裁床工人按照排料图进行画粉和裁剪，提高工作效率和准确性。

（1）根据生产订单和排料图，准备好相应数量和尺寸的排版纸。一般使用A0或A1大小的纸张，并根据需要进行拼接。

（2）在铺布台上平铺排版纸，确保纸张平整、无皱褶，并与铺布台边缘对齐。必要时可以用胶带固定纸张边缘。

（3）仔细检查排版图的尺寸、比例、方向等是否与排料图一致，确保无误后再进行下一步操作。

（4）用铅笔或记号笔在排版纸上标记出裁片的编号、数量、方向等重要信息，以便裁床工人识别和使用。

（二）画粉

画粉是将排版图的轮廓线通过粉笔等画粉工具转印到面料上的过程。画粉的目的是在面料上准确标出裁片的位置和形状，为裁剪提供准确的切割线。

（1）根据面料的颜色和材质，选择适合的画粉工具和画粉颜色。一般使用白色或黄色的裁缝粉和画粉轮，也可以使用画粉机等自动化设备。

（2）将画粉工具沿着排版图的轮廓线缓慢、均匀地移动，在面料上留下清晰、连续的画粉线。注意画粉线的位置准确，宽度适中。

（3）画粉时要注意手感和力度，避免画线过浅或过深，也不要划破面料。对于比较厚重或有弹性的面料，可以适当加大画粉压力。

（4）画完一个裁片后，要及时检查画粉线的完整性和准确性，必要时进行修正或补画。同时，要小心移动画粉工具，避免碰乱已画好的线条。

（三）铺布

铺布是将面料在铺布台上平铺展开，为画粉和裁剪做准备的过程。铺布的目的是使面料平整、张紧，避免出现褶皱、歪斜等问题，确保裁剪的精度和质量。

（1）根据生产订单和排料图，准备好需要的面料。检查面料的质量，如有破损、污渍、色差等问题，要及时更换或处理。

（2）将面料平铺在铺布台上，注意经纬向是否正确，面料是否平整。如果面料有折痕或卷边，要先将其熨烫平整。

（3）从面料的一端开始，沿着铺布方向将面料展开铺平。铺布时要保持面料的张力均匀，避免出现褶皱或歪斜。可以使用铺布机辅助铺布，提高效率和质量。

（4）铺好一层面料后，要检查面料的平整度和对齐情况，必要时进行调整。然后，在面料上铺放排版纸，进行下一步的画粉操作。

（5）如果需要铺多层面料，要确保每一层面料的铺设方向、张力、对齐等保持一致，避免出现错位或不均匀的问题。多层面料铺设时，可以使用气动或电动铺布机，以提高效率和质量。

二、裁剪的工具和设备

裁剪工序需要使用各种工具和设备，选用合适的工具和设备可以提高裁剪的效率和质量，减少人工劳动强度。主要包括裁剪刀具、裁剪机、铺布设备、画粉设备以及一些辅助工具。

（一）裁剪刀具

裁剪刀具是最基本的裁剪工具，包括裁缝剪刀、电剪刀、绳带剪等。裁缝剪刀适用于小批量或特殊部位的裁剪，电剪刀适用于大批量或直线裁剪，绳带剪适用于绳带、松紧带等细长裁片的裁剪。

（二）裁剪机

裁剪机是自动化程度较高的裁剪设备，可以大大提高裁剪效率和质量。常见的裁剪机包括直刀裁剪机、绳带裁剪机、激光裁剪机、数控裁剪机等。直刀裁剪机适用于直线或大曲线的裁剪，绳带裁剪机适用于细长裁片的裁剪，激光裁剪机适用于精细、复杂或难处理材料的裁剪，数控裁剪机则集成了 CAD/CAM 系统，实现了全自动裁剪。

（三）铺布设备

铺布设备可以帮助工人快速、均匀地铺设面料，提高铺布效率和质量。常见的铺布设备包括手动铺布车、电动铺布机、全自动铺布机等。手动铺布车适用于小批量或简单铺布，电动铺布机适用于大批量或多层铺布，全自动铺布机则可以实现面料的自动调取、铺设、对齐等功能。

（四）画粉设备

画粉设备可以帮助工人快速、准确地在面料上转印裁片轮廓线，提高画粉效率和质量。常见的画粉设备包括手动画粉工具、电动画粉机、激光画线机等。手动画粉工具适用于小批量或特殊部位的画粉，电动画粉机适用于大批量或规则化画粉，激光画线机则可以实现无接触、无污染、高精度的画线。

（五）辅助工具

裁剪工序还需要使用各种辅助工具，如裁缝尺、粉笔、画粉轮、铺布针、裁剪刀垫等。这些工具可以帮助工人测量尺寸、标记位置、固定面料、保护刀具等，提高裁剪的精度和效率。

三、裁剪的操作技巧

裁剪是一项技术性很强的工作，需要工人掌握一定的操作技巧，才能确保裁片的质量和效率。

（1）正确持刀：裁剪时要正确持握裁剪刀具，一般是拇指和食指扶持刀柄，中指扶持刀背，无名指和小指握持刀柄。持刀要稳定、舒适，避免手部疲劳或受伤。

（2）调整刀口角度：裁剪时要根据面料和裁片的特点，调整裁剪刀口的角度。一般情况下，刀口与面料呈 90 度角，但对于斜线、曲线或特殊材料，可以适当调整刀口角度，以便更好地控制裁剪方向和力度。

（3）控制裁剪速度：裁剪速度要根据面料和裁片的特点来控制。对于厚重、硬挺或多层面料，裁剪速度要放慢，以免刀具卡顿或面料移位；对于轻薄、柔软或单层面料，裁剪速度可以适当加快，以提高效率。但总体上，裁剪速度要平稳、均匀，避免急停急起。

（4）掌握裁剪力度：裁剪力度要根据面料和裁片的特点来掌握。对于厚重、硬挺或多层面料，裁剪力度要加大，以确保刀具能够顺利切断面料；对于轻薄、柔软或单层面料，裁剪力度要减小，以免刀具划破或使面料变形。但总体上，裁剪力度要适中、稳定，避免过大或过小。

（5）注意裁剪方向：裁剪方向要根据面料和裁片的特点来选择。一般情况下，应当顺着面料的经向或纬向裁剪，以确保裁片的稳定性和悬垂性；但对于斜纹、条纹或格子面料，则需要按照特定角度裁剪，以保证图案的连续性和对称性。

（6）及时清理裁屑：裁剪过程中会产生大量的裁屑，这些裁屑如果积聚在裁剪台上，会影响裁剪的精度和效率。因此，要及时清理裁屑，保持裁剪台面的整洁。清理裁屑可以使用毛刷、吸尘器等工具。也可以在裁剪台下方设置收集箱，方便裁屑的收集和清理。

第五章　男衬衫制版技术

第一节　男衬衫制版技术概述

一、成衣生产的服装纸样设计

服装设计效果图向平面结构图转化成为成衣生产用的毛样（生产纸样），即设计效果图→确定体型及数据→结构分解草图→确定主要部位制图规格数值→平面结构图净样→毛样。在这样一个纸样设计过程中，纸样设计者一定要考虑如何能设定出一套较佳的生产纸样，才能使成衣达到改善品质，降低成本，提高效率，因而也就不同于普通的纸样制作（用于个人及定做服装）。

第一，按所设计的缝制工艺将服装结构图放出所有的缝份，除了净样上已有的各种技术参数和标记外，应注明缝制方法及要求、熨烫部位及方法；要明确并安排好工艺顺序；用于排料、确定排料方式及准确耗料量的生产纸样必须具备以下复核（以男衬衫为例）：

（1）对设定尺寸的复核。依照客户或已给定的尺寸对纸样的各部位进行测量。

（2）对各缝合线相吻合的复核。服装各部件的相互衔接关系。检查袖窿弧线及领窝弧线是否圆顺；检查衬衫下摆和袖口弧线是否圆顺；检查袖山弧线和袖窿弧线长度是否相等；检查领窝弧线和领口线长度是否相等；检查袖身的袖口弧线（除褶裥外）和袖克夫宽度是否相等；检查前后侧缝长度是否相等。

（3）对各对位记号的复核。男衬衫有前幅襟贴翻折记号及纽门记号、衫身袖窿弧线和袖子的袖山弧线对位记号、领子的纽门记号及与前中线对位记号、明贴袋的贴边翻折记号等、袖身的袖口线上的褶裥记号等。

（4）对布纹线的复核。检查布料裁剪时所用的丝缕纹向。

（5）对缝份的复核。男衬衫生产纸样除襟贴和明贴袋缝份（止口）以外，其余均为1cm缝份。

（6）对纸样总量的复核。男衬衫纸样共有11块纸样（含底领和面领）。

（7）复核各项资料是否齐全。包括款式名称、裁剪数量、码数、裁片名称等。

第二，将已复核的纸样经裁剪制成成衣，用来检验纸样是否达到设计意图，这种纸样称为"头版"，对非确认的纸样进行修改，调整甚至重新设计，再经过复核成为"复版"制成成衣，最后确认为服装生产纸样。

二、服装纸样设计需要考虑的因素

服装纸样设计需要考虑实际成衣生产采用的布料、工艺结构、款式和品质要求。

在服装纸样设计过程中，由于服装款式各异、布料组织结构及厚薄、服装工艺及机器类型的限制，服装的品质要求等方面的不同，都会影响实际生产，因而服装结构纸样的制作也有不同的要求。

第一，依据服装面料组织结构紧密程度不同、确定不同缝合方式对加缝份的不同要求。

（1）按照布料厚薄可采用薄、中、厚三种放缝量，薄型面料的服装纸样放缝量一般为0.8cm，中型为1cm，厚型为1.5cm。

（2）接缝弧度较大的地方放缝要窄，如袖窿、领窝等处，因为弧度部分缝份太大会产生皱褶，然而生产纸样的放缝设计要尽可能整齐划一，这样有利于提高生产效率，同时也提高产品质量的标准，所以衬衫领子和领窝线的放缝还是1cm，缝制后统一修剪领窝线为0.5cm，既可以使领窝圆弧部位平服又可以避免因布料脱散而产生缝份不足的情况。加附加量的地方放缝要宽些，如西裤后片的放缝，后中线部位所加的缝份为2.5cm，上身的前后侧缝可加1.5cm等，既可以提高产品的销售量又可以满足客户的心理要求。

（3）不同的缝合方式对加缝份量有不同的要求。如平缝是一种最常用的、最简便的缝合方式，其合缝的放缝量一般为0.8～1.2cm，对于一些较易散边、疏松布料，在缝制后将缝份叠在一起锁边的常用1cm；在缝制后将缝份分开缝份倒向两边，常用的量为 1.2cm。对于服装的折边（衣裙下摆、袖口、裤口等）所采取的缝法，一般有两种情况：一是锁边后折边缝，二是直接折边缝。锁边后折边缝的加放缝即为所需折边的宽，如果是平摆的款式夏天上衣一般为 2 ~ 2.5cm，冬衣为 2.5 ~ 3.5cm，裤子、西装裙一般为 3 ~ 4cm，有利于裤子及裙子的垂性和稳定性；如果是有弧度形状的下摆和袖口等一般为 0.5 ~ 1cm，而直接折边缝一般需要在此基础上加 0.8 ~ 1cm 的折进量，对于较大的圆摆衬衫、喇叭裙、圆台裙等边缘，尽可能将折边做得很窄，将缝份卷起来作缝即为卷边缝，卷成的宽度为 0.3 ~ 0.5cm，故此边所加的缝份为 0.5 ~ 1cm，如果是很薄而组织结构较结实的可考虑直接锁密珠作为收边，也可作为装饰。牛仔裤的侧缝、内缝和后幅机头驳缝常用的缝合方式是包缝，这一做法的好处是耐用性强，所加的缝份需要注意前幅包后幅还是后幅包前幅、后幅包机头还是机头包后幅，一般缝份为 1.2cm，但是实际生产所用的缝份有所不同，香港旭日集团惠州大进有限公司长期生产牛仔裤，实践得到较佳的方法：被包的裁片所加的缝份为 0.6cm，另一裁片为 1.6cm。因为按规定的尺寸是在缝骨边缘开始计算，成品完成后不会影响尺寸的准确性、划一性。

第二，根据不同的结构制作、不同的生产效果，确定不同的服装生产纸样。

由于不同的结构缝制工序会影响服装生产的品质、排料，从而影响服装生产的成本，所以确定服装生产纸样是很重要的环节。门襟开口的襟贴，其结构可以分为另加门襟和原身加门襟，原身加门襟的结构比较浪费布料，但缝制工序较简单方便；而另加门襟的结构在缝制过程中多一道工序，但排料时宜省布，纸样制作人员在制图时需要均衡取舍，确定适合自己公司各条件的方法。对于一些类似匙羹领或大衣款式的门襟，亦可考虑在另加门襟的结构上切驳，便于后中对折排料，达到节省布料的目的。

纸样工程的目的是对一些纸样结构进行修改，使之可以达到美化人体、提高品质、减少工人的执手时间、方便排料、节省用料等作用。有的结构在生产时会造成用料加大，例如男衬衫的剑形袖衩条，制作纸样时将大袖衩条中看不见的一层偷空（把多余的缝份修剪掉），使之在辑明线时既可以避免下一层外露，提高产品品质，又可节省用料等；有的结构在穿着成品后出现不美观的现象，需要对纸样进行适当的修改，如内、外工字褶裙的纸样，在制作其生产纸样时将褶裥的上层部分偷空（把多余的缝份修剪掉），既可减小厚度达到美化人体的效果，又可节省布料。有的结构在生产时会造成增加工人执手的时间、降低品质，对这些生产纸样进行修改，使之能减少上述问题。例如针

对一些腰围和臀围差数较大的女性，制作裤子结构（特别是牛仔裤）时，依据结构原理会出现前幅侧缝弧度较弯，而后幅侧缝弧度较直，造成在缝制过程增加车缝的执手时间，将纸样前幅侧腰点加出适当的尺寸，在后幅的侧腰点则减去相应的尺寸，达到两侧缝弧度比较接近，这样可以使生产较方便从而减少车缝执手时间。

第二节　男衬衫制版流程

一、男士体型及尺码表

（一）人体体型

人体主要由四大部分组成，即头部（脑颅和面颊）；躯干（颈部、胸部和腹部）；上肢（肩部、上臂、肘部、前臂、腕部和手部）；下肢（臀部、大腿、膝部、小腿、踝部和足部）。如用几何图形来标识，那么，人体的头部呈椭圆形，颈部呈圆柱形，胸部呈倒梯形，腰至胯呈梯形，四肢呈圆锥形，如图 5-1 所示。

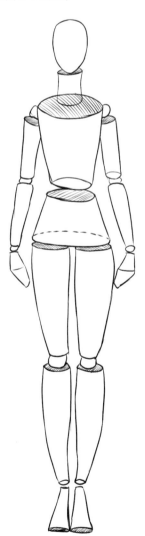

图 5-1　人体几何图形

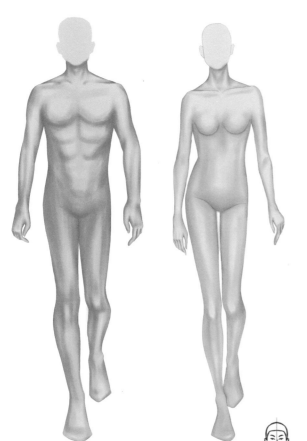

图 5-2　男女体型比较

通过男女体型分析来更好地认识男士体型。根据人的生理状况，男性和女性的体型特征有着明显的差别，无论是内涵，还是外延，都呈现不同的美感。概括地说，男性胸廓大、骨盆小、呈"上大下小"倒梯形；女性胸廓小、骨盆大、呈"上小下大"梯形，如图 5-2 所示。男性美的基本特征是直线型，而女性美的基本特征是曲型。

此外，由于地区差别，生活差异，人的外型也是各不相同的，常见的体型主要有四大类，即：瘦弱型（Y型），标准型（A型），健壮型（B型），肥胖型（C型），如图 5-3 所示。

根据图中体型的差异，结构设计时需要对不同的体型设计出不同的基本样版。在行业中，人们经常说的日本原型、欧美原型、韩国原型、上海原型等结构版型，其实就是根据各国各地区不同的人体体型研究出来的。

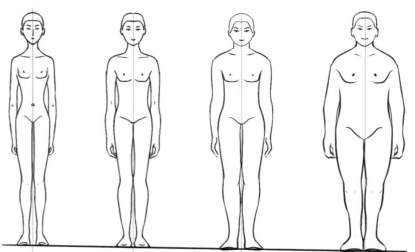

瘦弱型（Y型）... 标准型（A型）.. 健壮型（B型）... 肥胖型（C型）

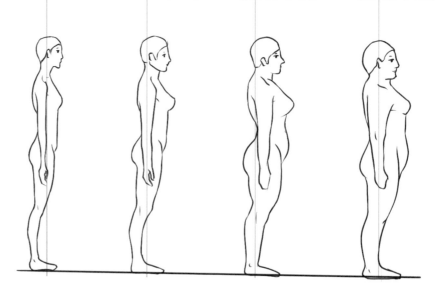

图 5-3　各种体型比较

（二）男衬衫尺码表

一般情况下，男衬衫尺码表如表 5-1 所示。

表 5-1　男衬衫尺码表

单位：cm

名称 / 量体项	后衣长	袖长	胸围	腹围	臀围	袖肥	袖口	领围	袖克夫
165/38	72	60	100	92	100	38.2	23.6	38	7
170/39	74	61.5	104	96	104	39.5	24	39	7
175/40	76	63	108	100	108	40.8	24.4	40	7
175/41	76	63	112	104	112	42.2	24.8	41	7
180/42	78	64.5	116	108	116	43.5	25.2	42	7
180/43	78	64.5	120	112	120	44.8	25.6	43	7

二、测量实际操作

首先量体前建议测量人身着单薄贴体衣。

量体员在测量人体时，同时注意观察被量体人的体型，是扁体型还是圆体型，是溜肩还是平肩，溜肩是中度还是轻度，驼背是突出还是稍微轻度驼背，是有肚子突出，还是正常，量体人员要在量体单记录备注，以备制版时作为参考适当对特体人员的尺寸调整。

（1）领围，量体员站立在被量体者右前方，被量体者处放松状态，右手拿软尺伸至被量体者颈部后，左手接过沿脖子一周，皮尺放在被量体者喉结下 1cm 处，以放入一根手指作为松度，特殊情况也可以根据个人喜好而定。

（2）肩宽，被量体者呈放松状态，皮尺平放从肩膀与手臂交接肩骨处到后中颈量至另一肩骨处。

（3）袖长，被量体者两手臂自然放下，两手稍握紧，从肩骨处尺子平顺拉直到手掌虎口处。

（4）腕围，尺子围手腕骨处水平围量一周。

（5）胸围，被量体者站在被量体人右前方，右手拿软尺向后围人体胸部一周，软尺摆平松紧适度。

（6）腹围，被量体者呼吸均匀放松，在腹部软尺摆正与地面水平围量一周。

（7）臀围，在人体臀围处最大处水平量一周。

（8）臂围，在手臂腋下软尺向上提拉后放平水平量一圈。

（9）衣长，从被量体者颈肩点与地面垂直量至所需长度。

（10）后中长，从被量体者颈部后中锁骨位垂直向下量。

三、量体尺寸加放（制版前操作）

（1）领围，打领带的领围尺寸加放 1cm，年龄稍大领围加放 2cm 以上，正常人不打领带不加不减，时尚群体不扣扣子的领围减 1cm。

（2）肩宽，扁体型人群衣服要做宽松些，圆体型人群骨架小，肉多，肩宽不适合做大，公式成品胸围 *0.3+13cm 等于肩宽，可以跟实际测量的做参考对比。

（3）胸围，时尚群体胸围加放在 5 ~ 7cm，正常合体型胸围加放在 8~10cm，稍宽松款式加到 11cm 以上。

（4）臂围，臂围加放尺寸可以与胸围加放尺寸相同，最多加到 12cm，袖肥加放 8cm，以上加放尺寸视着装人穿衣喜好和款式可以上下调整。

（5）袖口，贴体型可以加放到 4cm 左右，正常体型加放到 5cm 左右，宽松型可加放到 7cm 以上。

（6）腹围，加放在 6cm 以上。

（7）臀围，该部位参与活动量小，加放 7cm 以上。正常体型臀围与胸围尺寸相等或者臀围小于胸围 2cm，胸臀差不要超过 6cm。

（8）衣长，男士 170cm 尺码衣长为 74cm，175cm 尺码衣长为 76cm，身高增加 5cm，衣长增加 2cm。可以根据款式或者穿着者的喜好进行适当调整，并考虑是内插式还是外穿型。

四、男士原型绘制

男士原型绘图规格：170/88A，身高170cm，净胸围88cm，肩宽43.6cm。

制图步骤：

（1）做背长：身高*0.2+8cm；宽：净胸围/2+8cm。

（2）后横开领：净胸围/20+3cm；后直开领：横开领/3。

（3）肩斜角度：后肩斜22°。

（4）肩宽：肩宽/2。

（5）袖窿深：上水平线下，身高*0.1+9cm。

（6）后背宽：净胸围*0.15+5.6cm。

（7）前胸宽：净胸围*0.15+4.5cm。

（8）前横开领：后横开领-0.3cm。

（9）前直开领：后横开领+0.8cm。

（10）前肩斜角度：18°。

（11）前肩长等于后肩长。

（12）BP点：在前胸宽的1/2处。

（13）胸省量：净胸围/22。

（13）前胸宽线1/3处点画袖窿弧并调整圆顺。

（14）袖窿深2/5处后背宽两等分处做后肩胛省。

（15）后肩胛省大：净胸围/40-0.4cm。

（16）调整前后袖窿弧至造型美观。

五、男衬衫制版

衬衫是男性服饰的必备服装品种之一，款式的变化一般从领子门襟袖口后片形状变化而成，现代男衬衫品种千变万化，有合体紧身式的，也有宽松休闲式的，按穿着习惯喜好分为内束式（下摆放进裤子里）和外束式（衬衫下摆露在裤子面）。下面依次介绍前后身领子袖子绘图步骤。

衬衫规格设计见表5-2。

表5-2　衬衫规格设计

号型：170/88A　　　　单位：cm

领围	39	胸围	104
腰围	96	臀围	102
后衣长	74	净围	88
净腰围	74	净臀围	89
袖长	61.5	袖口	24
袖肥	39.5	肩宽	45.2
身高	170	后腰省	1.5

男衬衫制图步骤（所用参数可以根据款式不同适当调整）：

（一）前后身结构绘图

（1）画长方形边框，横向宽度是胸围/2，纵向宽度是后衣长-1.5cm（肩胛省量）。

（2）后领宽=领围*0.2，后直开领=后领宽/3。

（3）后肩宽：后肩斜角度为17°（反方向输入180°-17°=163°）。先绘制参考肩宽是肩宽/2-5cm，后以领围中线为起点画肩宽（后领中量）为肩宽/2，与参考肩宽相交于一点。删除多余线段，确定实际后肩宽。

（4）前领宽是后领宽-0.8cm。前领深是后领宽+0.5cm，选取前后领宽的平分点作为参考点，并从该点出发，将领围线三等分。

（5）前肩宽度为17°（反方向输入180°-17°=163°），前肩线长等于后肩线长。

（6）袖窿深是前肩袖点与后肩袖点的中线垂直向下的一条线，长度是胸围/6+（3.5~4）cm，止点的垂直辅助线为前后胸围宽度。

（7）前片胸围宽度为胸围/4+0.5cm。

（8）后背宽是胸围*0.165+（4~4.5）cm，前胸宽为后背宽-2.5cm。

（9）前后袖窿参考线：后背宽参考点为胸围*0.08-（2~2.5）cm，前胸宽参考点为胸围*0.04+（1.5~1）cm。

（10）领窝处绘制前门襟宽3.5cm，并将领位调整圆顺。

（11）重新绘制过肩线，前片作过肩2cm，复制到后肩，后肩线延长0.5cm做吃势量。

（12）前后胸围点：前片胸围=胸围/4。

（13）门襟：前中门襟宽 3.5cm，前领口处加宽门襟 /2，画前领弧（图 5-4）。

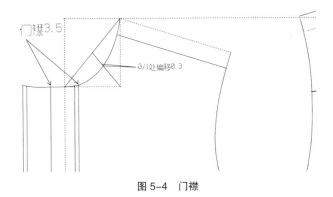

图 5-4　门襟

（14）下摆处门襟：前片下放公式为胸围 *0.04-2.5cm，前中线宽出门襟 /2（图 5-5）。

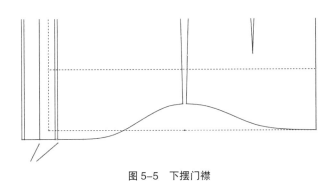

图 5-5　下摆门襟

（15）画后领弧：在后领宽的 1/3 处开始画弧，调整圆顺。

（16）画前袖窿：依次连接前肩袖点前胸宽参考点，调整至圆顺。

（17）画后领弧：在后领宽 1/3 处开始调整圆顺（图 5-6）。

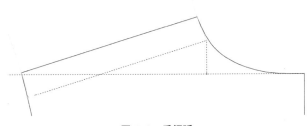

图 5-6　后领弧

（18）画后袖窿弧：依次连接后肩袖点后背宽参考点，调整圆顺。

（19）后育克：从后中领下 10cm 处垂直画至后袖窿线上，并上偏移 1.5cm 做后肩甲骨省量，画弧，调整圆顺。

（20）腰围线：上平线下取身高 *0.2+8cm。

（21）臀围线：腰围线下取身高 *0.1+2cm。

（22）做侧缝：腰节后片偏移收 1.25cm 侧省，把后腰两等分，做后腰省，省量是后腰省 /2，调整省线圆弧形状，臀围处偏移 0.5cm，连接胸围、腰围、臀围，画顺侧缝线。

（23）画下摆造型：侧缝处对比后中短 6cm 左右画弧做燕尾下摆，尺寸数据可以根据不同款式进行调整（图 5-7）。

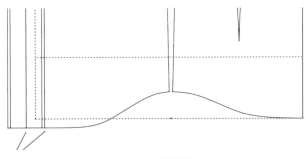

图 5-7　下摆造型

（24）做胸口袋：袖窿底前胸宽处向前中偏移 3cm 上偏移 5cm，袋口宽：胸围 *0.1cm，口袋长：胸围 *0.1+2cm（图 5-8）。

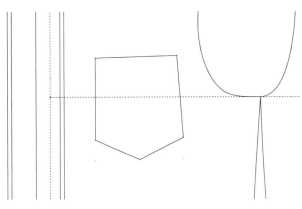

图 5-8　胸口袋

（二）衬衫领子制版步骤

（1）上领：上领后中领高＝下领后中高+1.3cm，以领围/2+0.3cm 作为参考点，领子宽6cm 左右，角度100°左右，画顺上领下领口，领子造型及尺寸根据款式不同可以按需调整，连接上领外口线，调整圆顺，上领后中对折处调整呈水平状态，避免有角度（图5-9）。

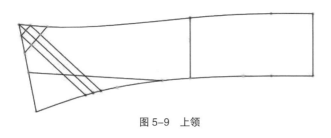

图 5-9　上领

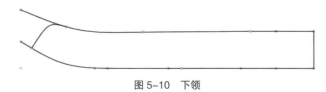

图 5-10　下领

（2）下领：首先做水平线，长领围/2+3.5cm 做参考线，下领高2.8（2~3）cm，起翘量2cm 左右，水平线分4等分，距1/4点1cm 处开始画下领弧，领头上以2.4cm 做参考高度，拼接上领长度：上领下口长度+0.5cm（吃势）＝领围/2，调整领嘴弧度到所需形状为止。下领后中对折处调整呈水平状态，不能起角（图5-10）。

（三）衬衫袖子制版步骤

（1）绘制水平线做参考：长度胸围/2，大于袖肥尺寸。

（2）袖山高：前后袖窿弧/3-3（3~5）cm。

（3）袖上水平线中点绘制袖山斜线：前袖山斜线＝前袖窿弧+0.5cm 吃量-（1.3~1.5）cm；后袖山斜线＝后袖窿弧+0.5cm 吃量-（0.6~0.8）cm。

（4）袖肥的1/2向前偏移1cm，绘制袖肥辅助线至袖顶，连接前后1/2袖肥对角线做参考线。

（5）绘制袖山弧线参考点：前袖山斜线至对角的1/3处向下偏移0.3cm，前袖山斜线的1/2处；后袖山斜线至对角的1/3处向上偏移0.3cm，后袖山斜线的2/5处向下偏移2.5cm。

（6）绘制袖山弧形：连接前袖窿底、前袖山参考点、袖山顶点、后袖山参考点、后袖窿底，画圆顺，调整至所需造型（图5-11）。

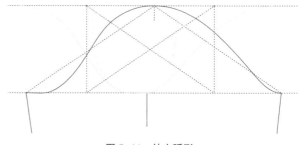

图 5-11　袖山弧形

（7）做袖长：袖长-袖克夫量。

（8）袖口大：前袖口＝袖口/2+2.5cm（褶量）-1cm，后袖口＝袖口/2+2.5cm（褶量）+1cm。

（9）袖口褶：袖口中点后偏移大褶量，前偏移褶间距做另一个褶2.5cm（图5-12）。

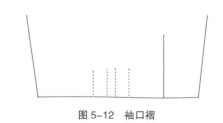

图 5-12　袖口褶

（10）袖衩：后侧袖口两等分处，垂直向上做袖衩长11cm。

（11）调整袖口及袖侧缝弧度。

（12）袖克夫：根据袖口大及袖口造型做出对应款式。

（13）大小袖衩：一般小袖衩条做1.8cm，大袖衩做2.5cm宽，宝箭头造型规格可以按照款式调整（图5-13）。

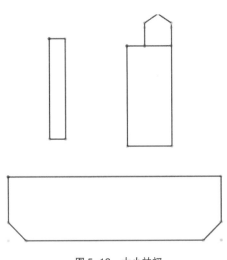

图5-13　大小袖衩

（14）袖子绘制完成后，检查袖子弧长与前后衣身袖窿弧长差距做吃势，男衬衫袖山吃势一般在1~1.5cm。

（15）详细的袖子制版过程可以参考教学视频。

六、样版生成及缝份刀口加放

（1）前片：依次复制前片轮廓线，区分前片左右片，前中门襟规格不同，缝制方法不同，男士服装一般扣眼开在前片左侧，扣子订在前片右侧。

（2）前片缝份加放：领口处0.5cm缝份，肩缝处1cm缝份，袖窿处0.5cm缝份，前侧缝1.2cm缝份。下摆1cm缝份（图5-14）。

（3）后片样版：依次复制后片轮廓线，后片生成样版后调整后中为对折线即整体一片（图5-15）。

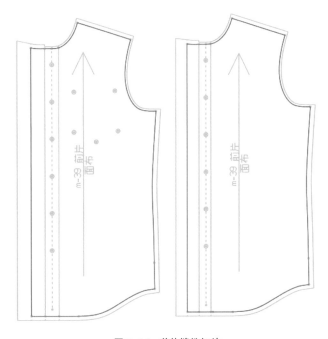

图5-14　前片缝份加放

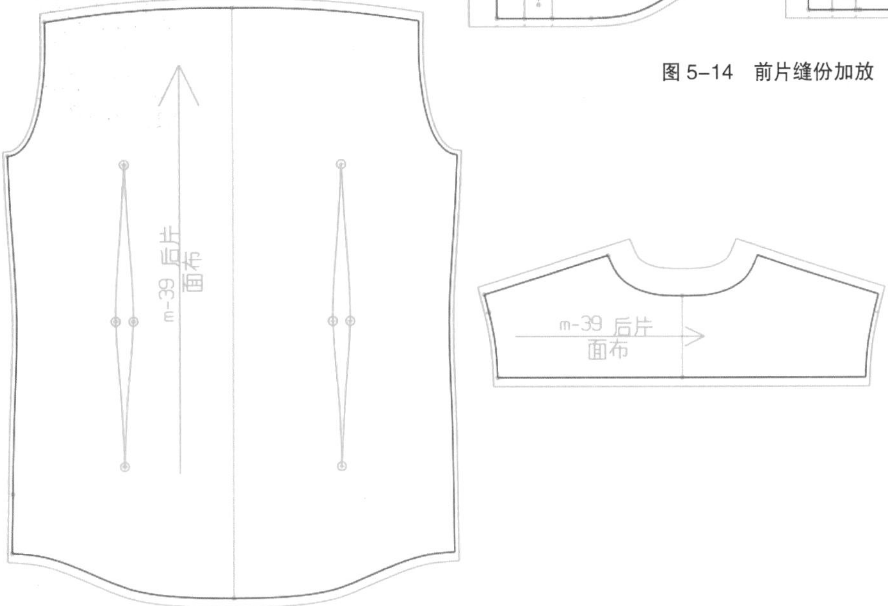

图5-15　后片样版

（4）后片缝份加放：后领口 3cm 缝份，肩缝 1cm 缝份，后袖窿 0.5cm 缝份，后侧缝 0.5cm 缝份，后下摆 1cm 缝份。

（5）领子样版：依次复制领片轮廓线，区分上领及下领的领面领底，布料的经纬方向，缝制时加衬的品质不同，上领如果是做领插片款式，两侧领底贴布为对称片，按标注线车缝。

（6）领片缝份加放：上领一周 1cm 缝份，下领缝制衣身领口处加放 2cm 缝份，其他加放 1cm 缝份（图 5-16）。

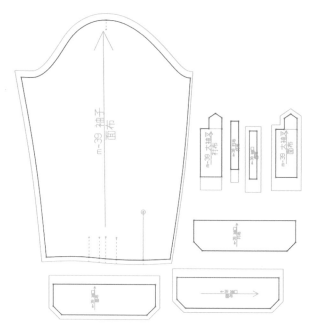

图 5-17　口袋缝份加放

（11）刀口加放：锁式工艺衬衫布料样版上的剪刀口，规格尽量调短些，为 0.3cm 左右，缝制时避免包缝不净，剪刀口一般为 T 型，剪刀口放置位置前片门襟上下折叠处，后育克正肩点，后领口中，袖山顶，袖口褶，袖口袖衩处；衬布样版一般不放剪刀口；缝纫时辅助硬纸板上剪刀口为 U 型，上下级领子样版放置 U 型剪刀口，以便缝制领子时画参考点用。

（12）打孔：前片扣子及扣眼位置，后片在后腰省尖及省宽处。

七、排料及裁剪参数设置

样版制作完成后，在排料前，首先要测量所用布料和衬料的幅宽，以及辨识正面反面、布料的光泽度是否允许交叉排料，或统一方向排料，是单件排料还是混排。

裁剪前需注意：

① 查看各个裁片的放置纱向是否平行或垂直。

② 扣眼、口袋位置、袖衩处是否有打孔标记或漏标。

③ 检查裁片是否有漏片，或者是多片。

④ 查看样版缝份是否加放正确。

⑤ 检查领口、袖窿弧是否圆顺。

⑥ 删除多余控制点。

⑦ 排料时检查裁片方向是否一致，设置有效幅长。

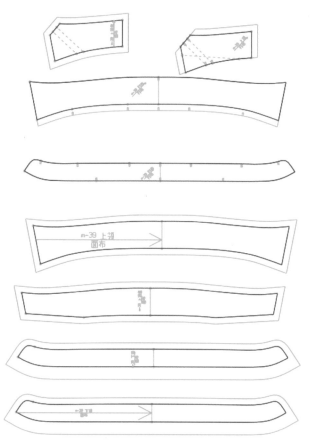

图 5-16　领片缝份加放

（7）袖子样版：依次复制袖片轮廓线，区分袖子左右片，设置对称两片。

（8）袖片缝份加放：袖子袖窿处加放 1.5cm 缝份，前侧袖底缝加放 1.2cm 缝份，后侧袖底缝加放 0.5cm 缝份，袖口处加放 1cm 缝份。

（9）袖克夫，袖衩条生成样版后，袖克夫与袖子袖口缝合处加放 2cm 缝份。其他加放 1cm 缝份；大小袖衩与袖克夫缝合处加放 2cm 缝份，其他三周加放 1cm 缝份。

（10）口袋缝份加放：除口袋口加放 4cm 缝份，其他加放 1cm 缝份（图 5-17）。

第六章　工艺流程实操

第一节　做前片及细节

本部分包括烫左门襟、固定左门襟、烫右门襟、缝制右门襟四道工序。

一、烫左门襟

机器类型：单摇臂烫台	
示意图： 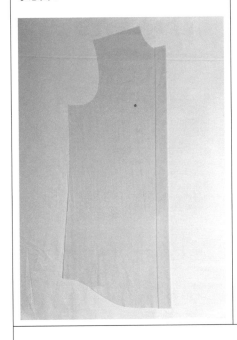	作业步骤： 1. 取出左前片裁片，分清正反面，反面朝上摆平（可提前做好标记）； 2. 脚踩烫台踏板，开启吸风； 3. 前中门襟处上下找到剪口并对折，宽度用钢尺测量为 3.5cm（翻折时门襟宽度可用钢尺测量固定不动）； 4. 开启蒸汽开关，循环压烫两次（保证熨斗清洁干爽、没有污迹）； 5. 关掉蒸汽开关，按剪刀口再次翻折； 6. 翻折上下宽度 3.5cm 并用钢尺辅助测量； 7. 开启蒸汽开关，循环两次压烫； 8. 关掉蒸汽吸风开关，取出前片。
扫码观看视频： 	
标准时间：157s	辅助工具：20cm 钢尺
品质说明： 1. 扣烫之前，保证熨烫台面干净，没有污迹，熨斗排污排水，保证干爽干净，方可熨烫。 2. 前片左门襟压烫完成后呈一条直线，布料纱向要直，不能倾斜。 3. 熨斗温度适中，样片干净，没有污迹。	

二、固定左门襟（暗门襟）

机器类型：电脑平缝机	
示意图： 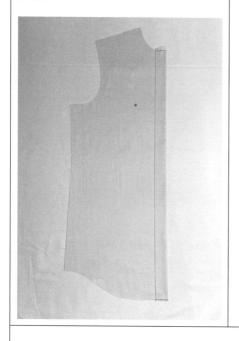	作业步骤： 1. 取出向内烫折好的左前片门襟，按照压烫的位置调整，保持平服； 2. 分别在上口与下口接近边缘处找到固定位，并车缝一条垂直于前中的固定线（0.5cm）； 3. 电脑车断线，平铺确认门襟顺直平服，并用纱剪将多余的布边修剪掉。

扫码观看视频：

标准时间：57s	辅助工具：纱剪

品质说明：

1. 固定线无需倒针断线。

2. 固定过程中多次校对，保证内折扣对齐，裁片顺直平服。

三、烫右门襟

机器类型：单摇臂烫台	
示意图： 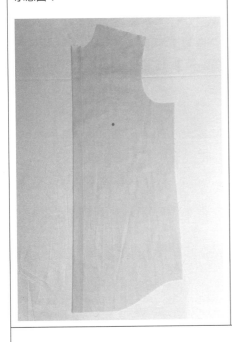	作业步骤： 1 取出右前片裁片，分清正反面，反面朝上摆平（可提前做好标记）； 2. 前中门襟处上下找到剪口并对折，宽度用钢尺测量为 3cm（翻折门襟宽度可用钢尺测量固定不动）； 4. 开启蒸汽开关循环压烫两次（保证熨斗清洁干爽没污迹）； 5. 关掉蒸汽开关，按剪刀口再次翻折； 6. 翻折上下宽度 3cm 并用钢尺辅助测量； 7. 开启蒸汽开关循环两次压烫； 8. 关掉蒸汽吸风开关，取出前片。
扫码观看视频： 	
标准时间：189s	辅助工具：20cm 钢尺
品质说明： 1. 扣烫之前保证熨烫台面干净没有污迹，熨斗排污排水保证干爽干净，方可熨烫。 2. 前片左门襟压烫完成后成一条直线，布料纱向要直，不能倾斜。 3. 熨斗温度适中，样片干净没有污迹。	

四、缝制右门襟（0.1cm）

机器类型：电脑平缝机	
示意图： 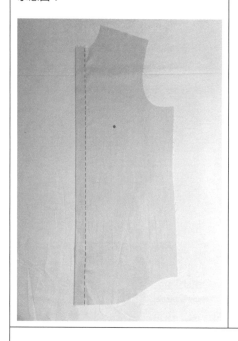	作业步骤： 1. 取出向内烫折好的右前片门襟，将裁片调整至里面朝上； 2. 将右门襟上方位置移至压脚下，沿门襟内侧翻折边 0.1cm 处车缝一条直线； 3. 电脑车断线，平铺确认门襟顺直平服，并用纱剪将多余的布边修剪掉。
扫码观看视频： 	
标准时间：92s	辅助工具：纱剪、尺子（最后测量用）
品质说明： 1. 前片反面朝上，下摆位开始，折两下的三层边放入压脚下车缝。 2. 内折止口内 0.1cm 处车缝，完成后宽 3cm。	

第二节　做后片及细节

本部分包括合后片省、画后领窝、合后育克、辑后育克明线、烫后育克、烫后片省、修后领窝七道工序。

一、合后片省

机器类型：电脑平缝机	
示意图： 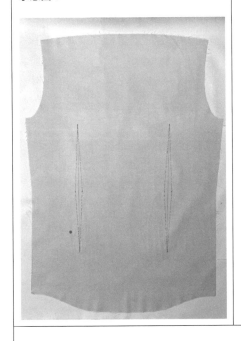	作业步骤： 1. 取后片裁片，在裁片背面找到已经标记好的省位点，左右对齐折叠，并调整位置； 2. 将折叠好的裁片移至压脚下，沿已画好的省位点由上至下车缝第一条省位线； 3. 移至另一边在裁片背面的省位点折叠调整位置，将裁片移正压脚下，沿已画好的省位由上至下车缝另一条省位线； 4. 电脑车断线，并用纱剪将多余的布边修剪掉。
扫码观看视频： 	
标准时间：161s	辅助工具：纱剪
品质说明： 1. 省位正顺，两省左右对称，顺直平服，线迹均匀。 2. 车省位线开始及结束时勿倒针，可留小辫子或手工打结。	

二、画后领窝

机器类型：电脑平缝机	
示意图： 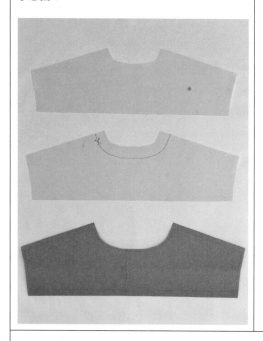	**作业步骤：** 1.取其中一片后育克裁片，将后育克正面朝上，平整地摆放在桌面上； 2.将净样版与育克下方分割缝边缘对齐，用热消记号笔沿净样版的领窝弧线画出新的领窝弧线。
扫码观看视频： 	
标准时间：60s	**辅助工具**：热消记号笔、净版后育克纸样
品质说明： 平服画线，领窝可只画一片。	

三、合后育克

机器类型：电脑平缝机	
示意图： 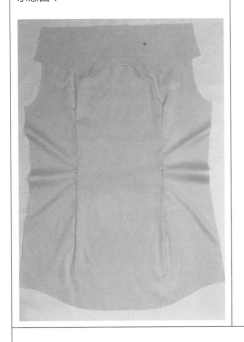	作业步骤： 1. 取出已打好省的后片裁片，将两片育克裁片调整至正面对正面，将后片正面朝上并夹在两片育克裁片中间，三片裁片的分割缝对齐，出入口对齐； 2. 将裁片移至压脚下，在三片对齐的裁片分割缝内 1cm 处车缝一条均匀的直线； 3. 电脑车断线，并用纱剪将多余的布边修剪掉。
扫码观看视频： 	
标准时间：149s	辅助工具：纱剪
品质说明： 车缝三片裁片时，出入口对齐，止口一致，顺直平服，线迹均匀。	

四、辑后育克明线（0.1cm 明线）

机器类型：电脑平缝机	
示意图： 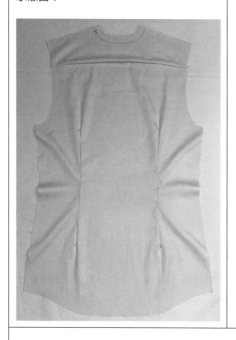	作业步骤： 1. 取出缝合完成的后片，将裁片调整至正面朝上，将上层育克裁片翻折，调整平铺； 2. 将裁片移至压脚下，在缝线口上方 0.1cm 处车缝一条均匀的直线； 3. 电脑车断线，并用纱剪将多余的布边修剪掉。

扫码观看视频：

标准时间：94s	辅助工具：纱剪

品质说明：

1. 翻折上层育克裁片时，要调整为整个后身均为正面朝上。

2. 以 0.1cm 明线辑压单层育克，针脚间距控制在 0.1～0.15cm，顺直平服，线迹均匀。

五、烫后育克

机器类型：单摇臂烫台	
示意图： 	作业步骤： 1.取出后片裁片，反面朝上摆平，后片整片都要摆平； 2.脚踩烫台踏板开启吸风； 3.开启蒸汽开关，循环几次，保证烫平定型； 4.关掉蒸汽开关，关吸风开关。
扫码观看视频： 	
标准时间：62s	辅助工具：熨斗

品质说明：

1.扣烫之前保证熨烫台面干净没有污迹，熨斗排污排水保证干爽干净，方可熨烫。

2.前片左门襟压烫完成后成一条直线，布料纱向要直，不能倾斜。

3.熨斗温度适中，样片干净没有污迹。

六、烫后片省

机器类型：单摇臂烫台	
示意图： 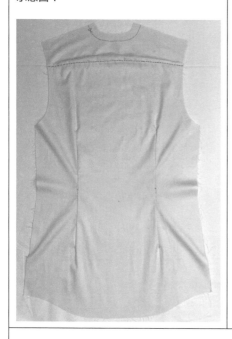	**作业步骤：** 1. 取出后片裁片，反面朝上摆平； 2. 脚踩烫台踏板开启吸风； 3. 后省向后中心倒，右手拿熨斗，开启蒸汽开关烫压，循环几次保证定型（烫压过程中要保证后片其他部位平整）； 4. 完成后关掉蒸汽开关，关掉吸风开关。
扫码观看视频： 	
标准时间：62s	**辅助工具**：熨斗
品质说明： 1. 扣烫之前保证熨烫台面干净没有污迹，熨斗排污排水保证干爽干净，方可熨烫。 2. 前片左门襟压烫完成后成一条直线，布料纱向要直，不能倾斜。 3. 熨斗温度适中，样片干净没有污迹。	

七、修后领窝

机器类型：单摇臂烫台	
示意图： 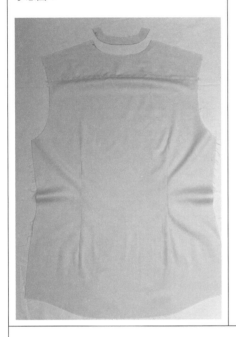	**作业步骤：** 1.取出缝制好的后片，将双层后育克调整对齐抚平； 2.找出画好的领窝弧线位，拿出剪刀沿画好的领窝弧线将多余处修剪掉。
扫码观看视频： 	
标准时间：67s	**辅助工具：**剪刀

品质说明：

1.后育克调整对齐后，应确保领窝弧线位置准确，修剪时沿画线进行，保持线条流畅，无锯齿状毛边。

2.修剪后的领窝边缘应平整，无多余布料残留，确保领窝形状与设计要求一致，左右对称。

第三节　合肩线

本部分包括合肩缝、压肩明线两道工序。

一、合左右肩缝

机器类型：电脑平缝机	
示意图： 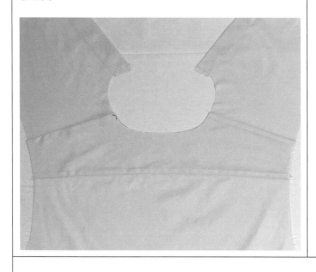	**作业步骤：** 1. 分别取出左前片、右前片、后片。将取出的左前片、右前片与后片以正面对正面的方式，将肩线对齐； 2. 将最下方后育克裁片向上翻折，对齐肩缝位置，使前片肩缝夹至两片正面相对的后育克裁片之间. 沿肩缝边 1cm 处夹缝三层裁片； 3. 电脑车断线，并用纱剪将多余的布边修剪掉； 4. 将合好的肩缝翻正. 缝合好的大身裁片正面朝上，顺直平服。
扫码观看视频： 	
标准时间： 263s	**辅助工具：** 纱剪
品质说明： 1. 出入口对齐，首尾回针。 2. 布料平服，线迹均匀。	

二、压肩明线

机器类型：电脑平缝机	
示意图： 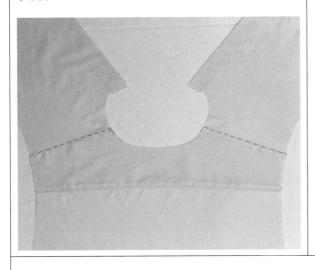	作业步骤： 1. 将缝合好的大身裁片正面朝上，顺直平服； 2. 找出合好的肩缝位置，在肩缝 0.1cm 处车缝一条明线； 3. 电脑车断线，并用纱剪将多余的布边修剪掉。
扫码观看视频： 	
标准时间：86s	辅助工具：纱剪
品质说明： 1. 出入口对齐，首尾回针。 2. 布料平服，线迹均匀。	

第四节　做袖衩及细节

本部分包括烫大小袖衩、画并修剪袖衩 Y 型口、绱大小袖衩三道工序。

一、烫大小袖衩

机器类型：单摇臂烫台	
示意图： 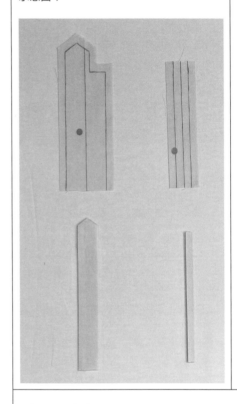	作业步骤： 1. 取出小袖衩裁片，分清正反面，反面朝上摆平，上下两边向上翻折 1cm 缝份，缝份宽窄要一致； 2. 脚踩烫台踏板开启吸风，固定不移位，开启蒸汽开关循环压烫；上下两边对折合起错开 0.1cm，宽窄一致； 3. 开启蒸汽开关循环两次压烫。关掉蒸汽吸风开关； 4. 取出大袖衩裁片，分清正反面，反面朝上摆平，将大袖衩净样版居中放正，开启吸风开关，固定不移位。按净样版两边向上折 1cm 缝份； 5. 开启蒸汽开关沿净样版循环压烫两次，关掉蒸汽开关； 6. 将宝剑头一边与另一边对折合并，袖衩反面则多出 0.1cm，宽窄大小一致； 7. 将烫好的大袖衩翻转至背面朝上，从宝剑头顶点至下方作 3cm 参考点，用剪刀打剪口到 3cm 处，将多余缝份向内翻折压烫； 8. 开启蒸汽开关按净样版宝剑头居中放正，两边对称，循环烫压宝剑头，关掉蒸汽开关； 9. 开启蒸汽开关固定不移位，循环压烫； 10. 另一边袖衩做法相同，注意正反面； 11. 关掉蒸汽吸风开关。
扫码观看视频： 	
标准时间：345s	辅助工具：线剪、袖衩净样版
品质说明： 1. 扣烫之前保证熨烫台面干净没有污迹，熨斗排污排水保证干爽干净，方可熨烫。 2. 前片左门襟压烫完成后成一条直线，布料纱向要直，不能倾斜。 3. 熨斗温度适中，样片干净没有污迹。	

二、画并修剪袖衩 Y 型口

机器类型：电脑平缝机	
示意图： 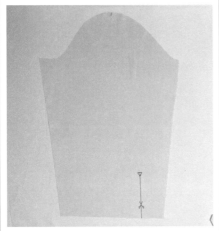 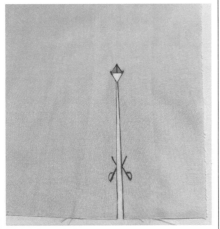	**作业步骤：** 1. 取出两片袖裁片，以正面对正面的方式叠放摆平； 2. 找到袖后方，用热消记号笔、尺子将袖衩的定位点与袖口的剪口连接一条直线，并在过直线的顶点做一条左右两端各 0.5cm 的垂线； 3. 在袖衩定位点向下 0.8cm 处找一点与垂线的两个端点相连，形成一个倒三角形； 4. 拿出剪刀将画好的倒三角形的两边剪开，形成 Y 字型剪口。
扫码观看视频： 	
标准时间：146s	**辅助工具：** 热消记号笔、尺子、剪刀
品质说明： 剪口切勿多剪。	

三、绱大小袖衩

机器类型：电脑平缝机	
示意图： 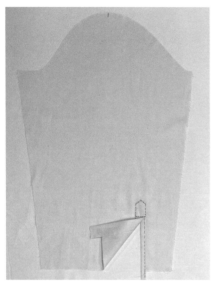 	**作业步骤：** 1. 将袖片调整至正面朝上，平服。并将剪好的袖衩处 Y 型口处的倒三角形剪口沿垂线向上翻折； 2. 拿出小袖衩，将小袖衩的窄面朝上。将袖片夹在小袖衩内，小袖衩尽量高出 Y 型剪口 1cm 左右； 3. 将小袖衩与三角形水平固定； 4. 修剪多出剪口位的小袖衩，余约 0.5cm； 5. 在夹好袖片的小袖衩开口边缘 0.1cm 处车缝一条明线； 6. 拿出大袖衩，用尺子辅助，在大袖衩顶点下方 3.5cm 处用热消记号笔水平画一条直线； 7. 将袖片夹进大袖衩里面顶点处，沿上步所画直线辑压固定，倒针退回起点处； 8. 沿袖衩开口边缘 0.1cm 处固定大袖衩； 9. 电脑车断线，并用纱剪将多余的布边修剪掉。

扫码观看视频： 	
标准时间：327s	**辅助工具：**尺子、热消记号笔

品质说明：

1. 出入口对齐，首尾回针。

2. 布料平服，线迹均匀。

第五节　做袖克夫及细节

　　本部分包括烫袖克夫树脂衬、烫袖克夫有纺衬、粘双面胶衬条、缝纫并修剪翻折袖克夫、整烫袖克夫、压袖克夫明线六道工序。

一、烫袖克夫树脂衬

机器类型：粘衬机	
示意图： 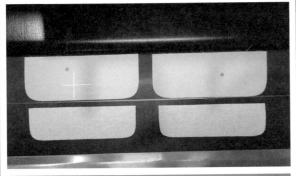 	作业步骤： 1. 取出袖克夫面，反面朝上铺平。取出裁剪好的树脂衬； 2. 将衬布反面（有胶的面）朝下放在铺平的袖克夫上，与袖子缝合的一边留 2cm 缝份，其他周围是 1cm 缝份，周围预留缝份宽度一致； 3. 粘衬机在气压 0.6MPa 以上情况下开启，粘衬机温度在 160℃时，将铺好的布片放在指示区，脚踩踏板机器开始烫压，直到衬布牢固烫在布料上； 4. 完成后按关机程序关掉粘衬机。
扫码观看视频： 	
标准时间：86s	辅助工具：树脂衬
品质说明： 1. 操作人员在使用粘衬机之前，必须熟练操作粘衬机及开关机顺序，严格按照指示书操作，以免人员及机器发生安全事故。 2. 所烫压的裁片按指定位置摆放不能倾斜或起皱，布片纱向不能走位。	

二、烫袖克夫有纺衬

机器类型：单摇臂烫台	
示意图： 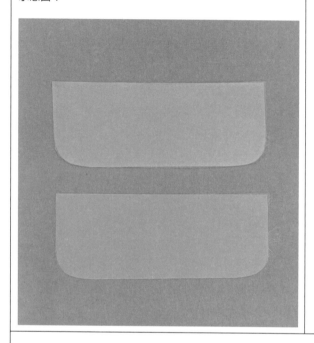	**作业步骤：** 1. 取出袖克夫里两片，反面朝上铺平； 2. 取出已经裁剪好的有纺薄衬，将衬布反面（有胶的面）朝下放在铺平的袖克夫上，周围布边对齐； 3. 开启吸风蒸汽开关，循环烫压两次，直到衬布牢固烫在布料上。
扫码观看视频： 	
标准时间：119s	**辅助工具：**有纺衬
品质说明： 1. 扣烫之前保证熨烫台面干净没有污迹，熨斗排污排水保证干爽干净，方可熨烫。 2. 前片左门襟压烫完成后成一条直线，布料纱向要直，不能倾斜。 3. 熨斗温度适中，样片干净没有污迹。	

三、粘双面胶衬条

机器类型：单摇臂烫台	
示意图： 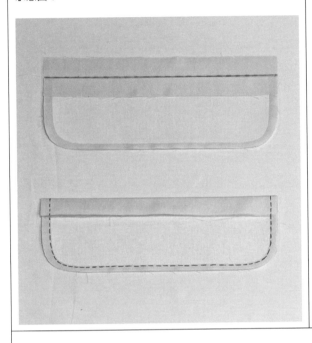	作业步骤： 1. 取出两片袖克夫面的裁片；分清正反面朝上摆平； 2. 将双面胶衬条放置在袖克夫袖口2cm缝份处，比齐内置衬布，按袖克夫长短剪掉； 3. 脚踩烫台踏板开启吸风，固定不移位； 4. 袖克夫袖口处2cm缝份向上折，按内里衬布边包紧； 5. 开启蒸汽开关循环压烫； 6. 关掉蒸汽吸风开关，取出前片，两片做法相同。
扫码观看视频： 	
标准时间：119s	辅助工具：双面衬条

品质说明：

1. 扣烫之前保证熨烫台面干净没有污迹，熨斗排污排水保证干爽干净，方可熨烫。

2. 前片左门襟压烫完成后呈一条直线，布料纱向要直，不能倾斜。

3. 熨斗温度适中，样片干净没有污迹。

四、缝纫并修剪翻折袖克夫

机器类型：平缝机	
示意图： 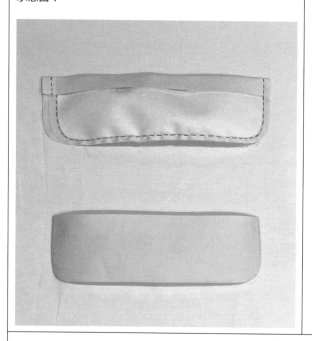	作业步骤： 1. 取袖克夫裁片，将粘有有纺衬的袖克夫裁片以正面朝上的方式，放置下层；再将粘有薄树脂衬的袖克夫裁片放置上层，以正面对正面的摆放方式沿袖口边缘重叠放置，并仔细调整对位； 3. 将有纺衬裁片与袖片缝合边缘多出的缝份，沿薄树脂衬边缘向上翻折，将调整好的裁片移至压脚下，沿薄树脂衬的边缘 0.1cm 进行车缝； 4. 车缝过程中要注意：缝制袖口边线时，下层袖克夫裁片应略微带紧，使最终做好的袖克夫有自然拱起的效果； 5. 车缝步骤完成后，将 1cm 缝份修剪成 0.5cm； 6. 修剪步骤完成后，将其向外翻折并调整。

扫码观看视频：

标准时间：211s	辅助工具：纱剪，剪刀

品质说明：

布料平服，缝份一致，线迹均匀，成品袖克夫有自然拱起的效果。

五、整烫袖克夫（高级工艺）

机器类型：烫台

示意图：

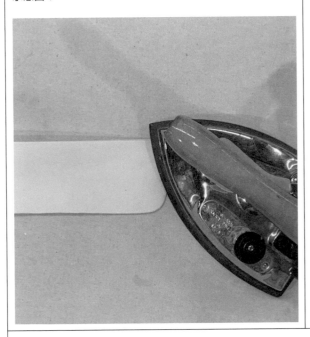

作业步骤：

1. 取出缝制好的袖克夫，反面朝上铺平；

2. 开启蒸汽开关循环压烫四周（袖克夫里比面布小 0.1cm，不能有里布外露现象）；

3. 关掉蒸汽吸风开关，取出前片，两片做法相同。

扫码观看视频：

标准时间：120s

辅助工具：无

品质说明：

熨烫之前保证熨烫台面干净没有污迹，熨斗排污排水保证干爽干净，方可熨烫，温度适中，衣片干净没有污迹。

六、压袖克夫明线（0.3cm）

机器类型：三自动内置马达平缝机	
示意图： 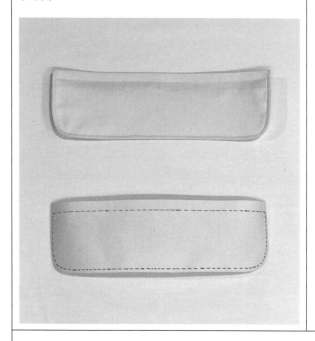	作业步骤： 1. 取整烫好的袖克夫，将面层即粘有薄树脂衬一层朝上放置； 2. 将袖克夫上开口边缘留 1cm 缝份，其余三边辑压 0.3cm 明线； 3. 将袖克夫移至压脚下，沿边缘约 2~3cm 处起针并车缝； 4. 除袖克夫上口辑压 1cm 明线以外，其余三边均辑压 0.3cm 明线。

扫码观看视频：

标准时间：113s	辅助工具：0.3cm 压线压脚 CR1/8

品质说明：

平服，线迹均匀；袖克夫边缘勿露出车缝线。

第六节　做领子及细节

本部分共包括十一道工序，分别是烫底领树脂衬、烫翻领树脂衬、烫底领有纺衬、缝制翻领、整烫翻领、压翻领明线、固定翻领并修剪弧线、压外底领明线并修剪、固定翻领与内底领、缝制外底领并修剪缝份、整烫领子。

一、烫底领树脂衬

机器类型：粘衬机	
示意图：  	**作业步骤：** 1. 取出底领面，分清正反，反面朝上铺平，取出裁剪好的树脂衬，将衬布反面（有胶的面）朝下放在铺平的袖克夫上，并与衣身缝合的一边留 2cm 缝份，其他周围是 1cm 缝份，周围预留缝份宽度一致； 2. 粘衬机在气压 0.6MPa 以上情况下开启，粘衬机温度达到 160℃时，将铺好的布片放在指示区，脚踩踏板机器开始烫压，直到衬布牢固烫在布料上； 3. 完成后按关机程序关掉粘衬机。
扫码观看视频：	
标准时间：160s	**辅助工具：**树脂衬
品质说明： 1. 操作人员在使用粘衬机之前，必须熟练操作粘衬机及开关机顺序，严格按照指示书操作，以免发生人员及机器安全事故。 2. 所烫压的裁片按指定位置摆放不能倾斜或起皱，布片纱向不能走位。要保证衬的牢固黏合程度。	

二、烫翻领树脂衬

机器类型：粘衬机	
示意图：	作业步骤：

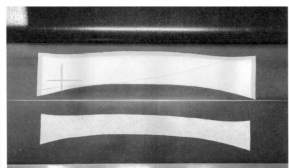

作业步骤：

1. 取出翻领面，分清正反，反面朝上铺平。取出裁剪好的厚的树脂衬，将衬布反面（有胶的面）朝下放在铺平的领子布片上；

2. 翻领与底领缝合的一边跟布边比齐，其他周围是 1cm 缝份，周围预留缝份宽度一致；

3. 再拿出薄的树脂衬裁片，将上领角对应的三条边与厚的三条边对齐；

4. 粘衬机在气压 0.6MPa 以上情况下开启，粘衬机温度达到 160℃时，将铺好的布片放在指示区，脚踩踏板机器开始烫压，直到衬布牢固烫在布料上；

5. 完成后按关机程序关掉粘衬机。

扫码观看视频：

标准时间：145s	辅助工具：树脂衬

品质说明：

1. 操作人员在使用粘衬机之前，必须熟练操作粘衬机及开关机顺序，严格按照指示书操作，以免发生人员及机器安全事故。

2. 所烫压的裁片按指定位置摆放不能倾斜或起皱，布片纱向不能走位。要保证衬的牢固粘合程度。

三、烫底领有纺衬

机器类型：单摇臂烫台	
示意图： 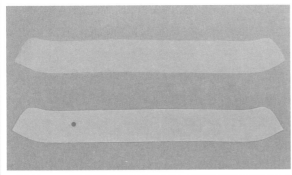 	**作业步骤：** 1. 取出底领； 2. 反面朝上铺平； 3. 取出已经裁剪好的有纺衬，分清正反面； 4. 将衬布反面（有胶的面）朝下放在铺平的领里布片上，周围布边对齐； 5. 开启吸风蒸汽开关，循环压烫，直到衬布牢固烫在布料上； 6. 关上蒸汽开关。

扫码观看视频： 	
标准时间：66s	**辅助工具：有纺衬**

品质说明：

熨烫之前保证熨烫台面干净没有污迹，熨斗排污排水保证干爽干净，方可熨烫，温度适中，样片干净没有污迹。

四、缝制翻领

机器类型：电脑平缝机	
示意图： 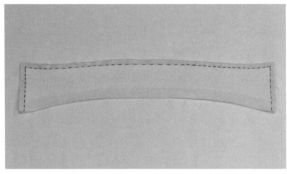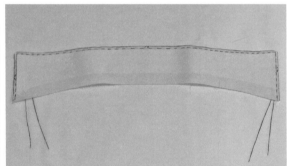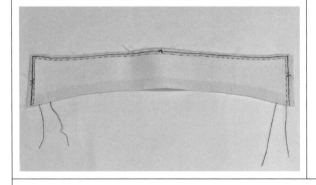	作业步骤： 1. 取翻领裁片，将未粘衬的翻领裁片正面朝上放置下层； 2. 再将另一片粘有薄、厚树脂衬一面的翻领裁片放置上层；以正面对正面的摆放方式调整对位； 3. 将对位好的裁片移至压脚下，沿树脂衬边缘约 0.1cm 车缝除领下口弧线外一周的翻领（车缝过程中要注意：车缝至两边领角各约 3cm 处时，下层翻领裁片略微带紧，使做出来的领角有自然反翘的效果；车缝至领角转角处时，留一针的距离牵引一根缝纫线放置领角，车缝一针后将缝纫线重合放置夹层内，以便领子做好后翻领角步骤的完成。）； 4. 车缝步骤完成后，将 1cm 缝份修剪至 0.5cm； 5. 修剪步骤完成后，将翻领由内向外翻折调整。

扫码观看视频： 	
标准时间：322s	辅助工具：缝纫线

品质说明：

平服，缝份一致，线迹均匀；领尖要正顺且左右对称；上层领面稍大于领里，使其有自然反翘效果。

五、整烫翻领

机器类型：单摇臂烫台

<table>
<tr>
<td>

示意图：

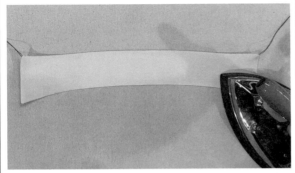

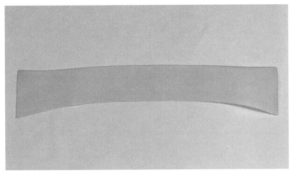

</td>
<td>

作业步骤：

1. 取出缝制好翻折好的翻领裁片；

2. 将翻领里面向上摆平；

3. 脚踩烫台踏板开启吸风，固定不移位；

4. 打开熨斗蒸汽开关，翻领领正面让出 0.1cm 循环烫；

5. 翻领压烫后平顺，翻领面向领里稍微弯势；

6. 领面两边对称；

7. 完成后关闭蒸汽开关。

</td>
</tr>
</table>

扫码观看视频：

标准时间：89s	辅助工具：无

品质说明：

熨烫之前保证熨烫台面干净没有污迹，熨斗排污排水保证干爽干净，方可熨烫，温度适中，样片干净没有污迹。

六、压翻领明线

机器类型：三自动内置马达平缝机	
示意图： 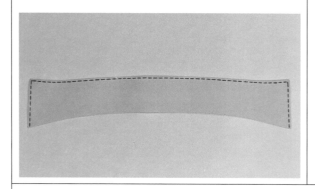	作业步骤： 1. 取整烫好的翻领，将面层即粘有薄、厚树脂衬的那一层朝上放置； 2. 将翻领移至压脚下，除领下口弧线以外三边，均车缝0.3cm 明线。
扫码观看视频：	
标准时间：70s	辅助工具：0.3cm 压线压脚 CR1/8
品质说明： 平服，线迹均匀；翻领边缘勿露出车缝线。	

七、固定翻领并修剪弧线

机器类型：电脑平缝机	
示意图： 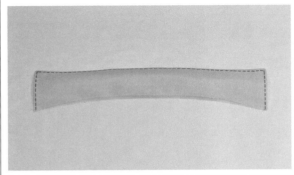 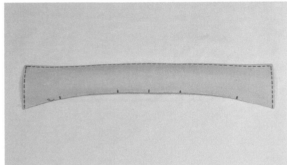 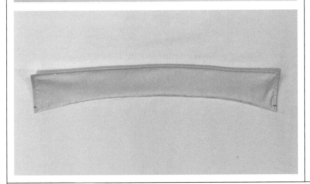	作业步骤： 1. 取缝制好的翻领，将背面朝上放置； 2. 以翻领净版为标准，标记翻领形状、剪口位及两侧 1cm 缝份位；将翻领正面朝上并将下口弧线与上口线对折，移至压脚下，沿领下口弧线辑压 0.5cm 明线进行固定（车缝过程中要注意：固定下口弧线时，不要对折过度，导致辑压下口弧线时也同步辑压到上口线）； 3. 固定完成后，用剪刀工具将固定好的翻领，沿准确的下口弧线修剪。

扫码观看视频： 	
标准时间：153s	辅助工具：翻领净版、热消记号笔、剪刀

品质说明：
平服，线迹均匀；翻领正面朝上自然拱起。

八、压外底领明线并修剪

机器类型：电脑平缝机	
示意图： 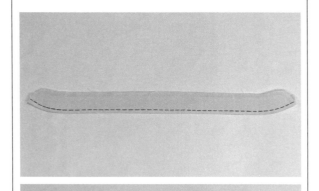	作业步骤： 1. 取粘有厚树脂衬的底领，正面朝上； 2. 将底领下口缝份沿树脂衬边缘向下翻折，移至压脚下； 3. 沿底领下口弧线 0.6cm 车缝明线； 4. 将车好的底领背面多余缝份用剪刀沿车缝线边缘修剪掉。
扫码观看视频： 	
标准时间：200s	辅助工具：剪刀
品质说明： 平服，缝份一致，线迹均匀。	

九、固定翻领与内底领

机器类型：电脑平缝机	
示意图： 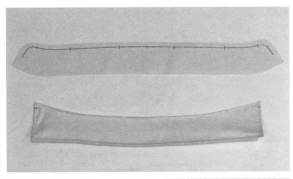 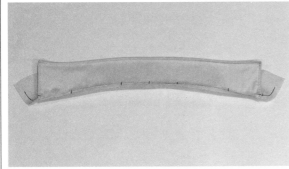	作业步骤： 1. 取内底领裁片，将其正面朝上摆平； 2. 以底领净版为标准，将底领净版与底领裁片距离上口弧线 1cm 处对齐，用热消记号笔沿底领净版画出上口弧线并标记剪口位； 3. 将固定好的翻领与画好线的底领以正面对正面的方式配对； 4. 将翻领起始端边缘对准底领起始点向后中方向约 0.5cm 处（具体以实际面料属性为准），将其移至压脚下； 5. 距翻领下口弧线边缘沿约 0.5cm 为标准进行辑压固定（过程中要注意：翻领两端边缘要分别对准底领两边的起始点距后中约 0.5cm 处，缝制过程中，下层领略微带紧，使翻领的中点对准底领中点向下约 1cm 处，两边是均匀对称的弧线缝制）。

扫码观看视频：

标准时间：204s	辅助工具：底领净版、热消记号笔

品质说明：

平服，缝份一致，线迹均匀，以后中为基准，两边对称。

十、缝制外底领并修剪缝份

机器类型：电脑平缝机	
示意图： 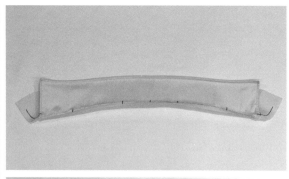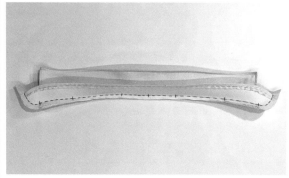	**作业步骤：** 1. 取粘有薄树脂衬的底领，将其背面朝上摆平； 2. 再以底领净版为标准，将底领净版下口弧线与底领的下口弧线比齐放置； 3. 用热消记号笔标记点位； 4. 取出缝制好的翻领与内底领，将其放置在薄树脂衬底领的下方，以正面对正面的方式比齐； 5. 将粘有薄树脂衬的底领起始点对准刚刚缝制好的翻领边缘起始点，将其移至压脚下； 6. 从底领下口开始起针车缝，沿树脂衬边缘 0.1cm，车缝领上口线； 7. 将底领上口 1cm 缝份对准翻领的下口弧线，剪口对齐，将底领的起始点对准翻领的边缘起始点； 8. 缝制完成后，将 1cm 缝份修剪至 0.5cm。

扫码观看视频： 	
标准时间：256s	**辅助工具：**底领净版、热消记号笔
品质说明： 整体观感平服，缝份宽度一致，线迹均匀，左右对称。	

十一、整烫领子

机器类型：单摇臂烫台	
示意图： 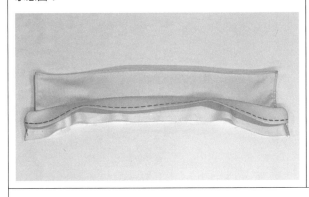	**作业步骤：** 1. 取出缝制好的领子裁片； 2. 将领子里面向上摆平； 3. 脚踩烫台踏板开启吸风，固定不移位； 4. 打开熨斗蒸汽开关，上领正面让出 0.1cm 循环烫； 5. 上领压烫后平顺，上领面向领里稍微弯势； 6. 领面两边对称； 7. 完成后关闭蒸汽开关。
扫码观看视频： 	
标准时间：72s	**辅助工具：**无
品质说明： 熨烫之前保证熨烫台面干净没有污迹，熨斗排污排水保证干爽干净，方可熨烫，温度适中，领证熨烫完成后要干净没有污迹。	

第七节　绱袖、压袖、合侧缝、压侧缝

一、绱袖

机器类型：电脑平缝机	
示意图： 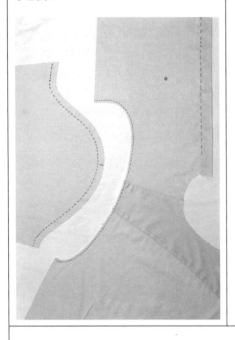	作业步骤： 1. 取大身裁片与袖裁片，袖裁片开衩方向为袖子后片方向； 2. 袖裁片以正面朝上的方式摆平，将前 / 后袖窿移至压脚下，放置于绱袖专用压脚工具下层； 3. 再找出对应的大身裁片前 / 后袖窿位置，将其背面朝上放置，并将其移至绱袖专用压脚工具上层； 4. 以袖裁片缝份为 1.5cm、大身袖窿缝份为 0.5cm、袖缝份比大身缝份多出 1cm 为基准车缝绱袖（绱袖过程中要注意：缝至前、后腋下部分袖窿处均要将底层袖裁片缝份容缩一定量在内，缝至袖山部分时，袖裁片缝份不应该有容缩量，以便绱袖第二道工序的完成）。
扫码观看视频： 	
标准时间：282s	辅助工具：绱袖专用压脚工具
品质说明： 平服，线迹均匀，袖窿圆顺，缝份均匀。	

二、压袖

机器类型：三自动内置马达平缝机	
示意图： 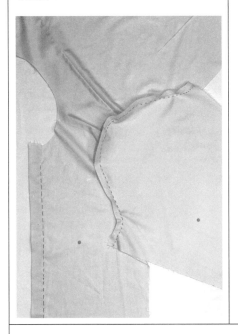	**作业步骤：** 1. 取大身裁片； 2. 将大身裁片正面朝上调整至袖围压明线位置处； 3. 将裁片缝份移至压脚下，以袖裁片缝份包大身裁片缝份的方式，将缝份送至卷袖压脚工具内； 4. 调整抚平大身，保持袖裁片在左侧，大身裁片在右侧，车缝辑压袖围整圈明线，宽度均匀（要注意：车缝时要间断性查看背面线迹是否漏压、打褶或堆积）。
扫码观看视频： 	
标准时间：264s	**辅助工具：**卷袖专用压脚工具
品质说明： 平服，线迹均匀，袖窿圆顺。	

三、合侧缝

机器类型：电脑平缝机	
示意图： 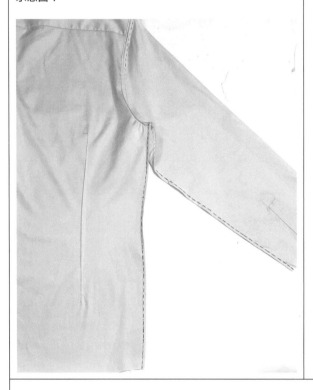	**作业步骤：** 1. 取衣身，可先选定缝制左侧缝。衣身正面对正面摆放，前片置于下层，下层前片多于上层后片 0.5cm； 2. 将前片多出的 0.5cm 缝份向上折起包住后片，沿着宽度为 0.5cm 压脚车缝，从袖口开始缝制至下摆结束； 3. 缝制完成后，为使成衣保持整洁，需要修剪侧缝处多余的毛须； 4. 右侧缝的缝制是从下摆开始缝制至袖口结束，其余与左侧缝缝制方法一致。
扫码观看视频：	
标准时间：238s	辅助工具：0.5cm 合侧缝压脚 CR3/16
品质说明： 平服，止口一致，底不落坑，线迹均匀；对准十字缝，不可错位；不留毛须。	

四、压侧缝

机器类型：电脑平缝机	
示意图： 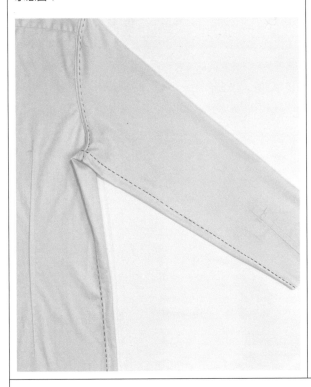	**作业步骤：** 1. 取衣身，可先选定缝制左侧缝。将合好侧缝的衣身翻至正面，以正面朝上缝份向后片倒的方式放置； 2. 移至压脚下，沿 0.4cm 的压脚从衣身正面压缝，从下摆开始缝制至袖口结束； 3. 右侧侧缝的缝制是从袖口开始缝制至下摆结束。其余与左侧侧缝缝制方法一致。
扫码观看视频： 	
标准时间：219s	辅助工具：0.4cm 压侧缝压脚 CR5/32
品质说明： 平服，止口一致，包缝饱满，不露毛边，线迹均匀，底不可落坑；对准十字缝，不可错位。	

第八节　绱领、辑压底领

本部分包括绱领和辑压底领 0.1cm 明线两道工序。

一、绱领

机器类型：电脑平缝机	
示意图： 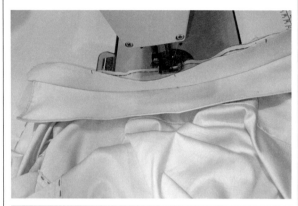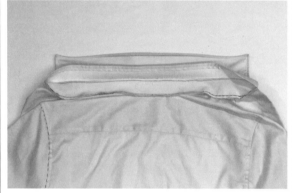	**作业步骤：** 1. 取领子，将底领净版与底领配对，沿底领净版在底领上画出下口线，并按照净版的剪口画出肩缝及后中点位； 2. 沿画好的底领下口线，修剪缝份至 0.5cm； 3. 取衣身，将衣身与领子以反面对正面的方式放置对位。移至压脚下，沿边缘 0.5cm 缝份缝制。缝制过程中注意对齐肩缝和后中点位，对齐衣身门襟边缘与领角。
扫码观看视频： 	
标准时间：410s	**辅助工具：**底领净版、热消记号笔、剪刀
品质说明： 　左右门襟位不可有高低，出入口齐，对齐肩缝、后中点位；均匀沿 0.5cm 缝份车缝，首尾回针。	

二、辑压底领 0.1cm 明线

机器类型：电脑平缝机	
示意图： 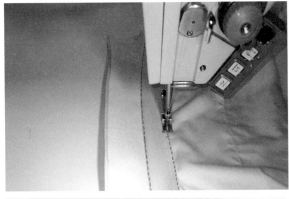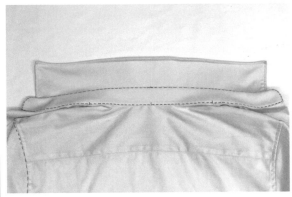	**作业步骤：** 1. 取衣身，将衣身后片正面朝上放置； 2. 沿底领边缘 0.1cm 辑压明线。从右侧底领领角向内约 7cm 处起针辑压，辑压至领角弧线时，实时调整其辑压角度，确保领角形状的圆顺度； 3. 辑压至领下口线时，注意对齐肩缝以及后中点位，实时调整对位，确保辑压后的领子没有重叠线。辑压一周至起针处完成辑压。

扫码观看视频：

标准时间：280s	辅助工具：缝纫线

品质说明：

平服，线迹均匀，底不落坑，上领线不外露。

第九节 绱袖克夫及卷下摆

本部分包括绱袖克夫、卷下摆两道工序。

一、绱袖克夫

机器类型：电脑平缝机	
示意图： 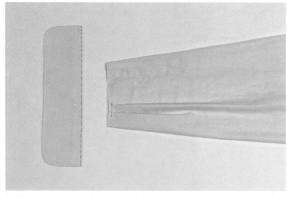 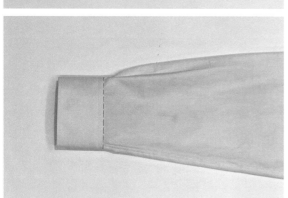	作业步骤： 1. 取衣身和袖克夫，将衣身袖口正面朝上，依照剪口固定褶位，褶的方向均倒向后侧，即宝剑头一侧； 2. 将固定好的袖口 1cm 缝份夹进袖克夫上口，沿袖克夫上口线边缘辑压 0.1cm 明线。缝制过程中可借助工具将袖口缝份完全夹至袖克夫内。
扫码观看视频：	
标准时间：249s	辅助工具：镊子
品质说明： 1. 平服，止口一致，线迹均匀，底不落坑。 2. 出入口齐，大小衩不可有高低。	

二、卷下摆

机器类型：缝下摆三自动内置马达差动平缝机	
示意图：  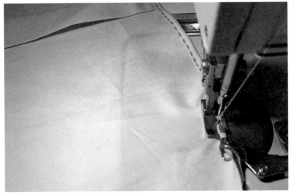	**作业步骤：** 1. 取衣身，将其反面朝上放置； 2. 双手移至左门襟处向内折卷 0.5cm 两次，移至压脚下； 3. 沿折好的左门襟下摆开始缝制，缝制约 3cm 处停止，将下摆折筒移至压脚下； 4. 将下摆缝份卷进折筒，继续缝制至右门襟处停止。移开卷下摆折筒，重复之前折左门襟的动作，完成整个下摆的缝制（为保证下摆缝制的美观性，可对下摆左右门襟处重叠的内层进行修剪）。

扫码观看视频：

标准时间：379s	辅助工具：0.5cm 下摆折筒

品质说明：

线迹均匀，下摆圆顺，不露毛边，左右门襟高低一致。

第十节　做扣子及细节

本部分包括点锁眼位、锁眼、点扣眼位、钉扣、绕扣五道工序。

一、点锁眼位

<table>
<tr><td colspan="2">机器类型：</td></tr>
<tr>
<td>示意图：
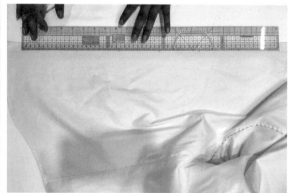</td>
<td>

作业步骤：

1. 取衣身正面朝上放置。注意：左门襟为锁眼位；右门襟为钉扣位；

2. 点领角锁眼位：将钢尺平行于底领下口线，沿领宽的 1/2、距领角边缘 1.8cm 处点位；

3. 门襟锁眼位：将衣身正面朝上放置，抚平衣身左门襟，以锁眼位净版为基准用热消记号笔依次点位；

4. 宝剑袖衩锁眼位：于宝剑袖衩长宽均 1/2 处点位；

5. 袖克夫锁眼位：取对应宝剑袖衩一侧的袖克夫，在距边缘 1.5cm、袖克夫宽度的 1/2 处点位。

</td>
</tr>
<tr>
<td colspan="2">扫码观看视频：
</td>
</tr>
<tr>
<td>标准时间：220s</td>
<td>辅助工具：钢尺、热消记号笔、左门襟锁眼位净版</td>
</tr>
<tr>
<td colspan="2">品质说明：
面料平整，点位准确，点迹清晰。</td>
</tr>
</table>

二、锁眼

机器类型：电脑平头锁眼机	
示意图： 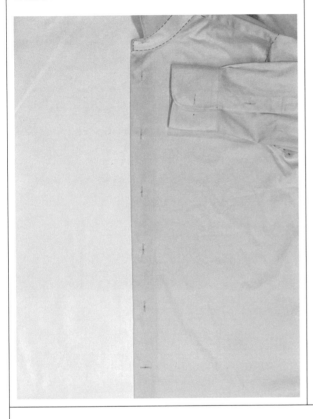	**作业步骤：** 1. 领角锁眼：将底领下口线与锁眼机压脚平行放置。将锁眼位与压脚标识点调整至平齐并居中后，完成锁眼； 2. 门襟锁眼：取门襟与压脚平行放置，将锁眼位与压脚标识点调整至平齐并居中后，除最后一个锁眼位以外完成锁眼。注意：最后一个锁眼位为满足人体腹部舒适感，要进行横向锁眼； 3. 宝剑袖衩锁眼：取宝剑袖衩与压脚平行放置，将其锁眼位与压脚标识点调整至平齐并居中后，完成锁眼； 4. 袖克夫锁眼：将袖克夫下口边缘与压脚平行放置，移动锁眼位与压脚标识点调整至平齐并居中后，完成锁眼。
扫码观看视频： 	
标准时间：271s	**辅助工具：**无
品质说明： 锁眼线迹均匀，面料平服、不起皱。	

三、点扣眼位

机器类型：	
示意图： 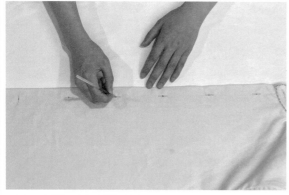	**作业步骤：** 1. 取衣身正面朝上放置。注意：左门襟为锁眼位；右门襟为钉扣位； 2. 领角扣位：将右底领置于下层，左右底领面对面重叠放置，在左底领锁眼位中心位置下笔，点位到右底领领角； 3. 门襟扣位：将右门襟置于下层，左右门襟面对面重叠放置，在左门襟锁眼位中心位置下笔，依次点位到右门襟。 4. 小袖衩扣位：在小袖衩长宽均 1/2 处点位； 5. 袖克夫扣位：取对应小袖衩一侧的袖克夫，在袖克夫宽度 1/2、距边缘 1cm 的位置点第一个扣位，距第一个扣位 2.5cm 处点第二个扣位。

扫码观看视频： 	
标准时间： 196s	**辅助工具：** 热消记号笔
品质说明： 面料平整，点位准确，点迹清晰。	

四、钉扣

机器类型：自动送扣钉扣机	
示意图： 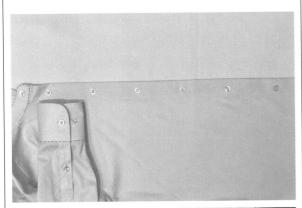 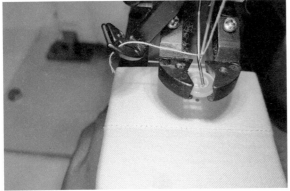	作业步骤： 取衣身，将右领口扣位放入钉扣机压脚，确保扣位与扣子中心相对后，完成钉扣。其余扣位的钉扣方法同上。
扫码观看视频： 	
标准时间：105s	辅助工具：无
品质说明： 钉扣线迹要求松弛，达到扣子与衬衫前中留有 3mm 的距离。	

五、绕扣

机器类型：全自动剪线绕扣机	
示意图： 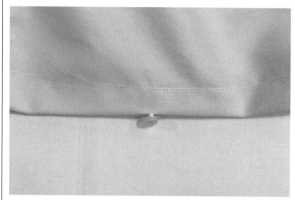 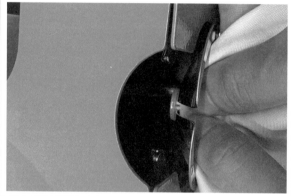	作业步骤： 把扣子放在纽盘夹缝中最底部，使扣子尽量离开纽盘，确保扣子与布料之间有 3mm 的距离，再向前推动纽盘，机器自动完成绕扣。取下衣物时，把纽扣向上拿出，不要向前拉出。

扫码观看视频：

标准时间：185s	辅助工具：无

品质说明：

扣子底部面料不抽紧起皱，扣子立起突出。

第十一节　整烫与包装

本部分包括整烫、包装两道工序。

一、整烫

机器类型：单摇臂烫台	
示意图： 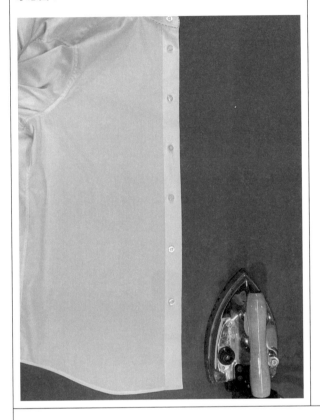	作业步骤： 1. 衬衣整烫流程：领子→后育克及肩缝→袖子（袖窿、袖口、袖衩、袖缝）→衣身（门襟、后省、侧缝、下摆）； 2. 整烫领子：将衣领反面朝上放置，一手拉住领端，一手拿着熨斗，由衣领底部向上端熨出去。烫完之后，换正面再烫。沿着翻领弧线，用蒸汽定型领子弧度； 3. 整烫后育克及肩缝：将后育克正面朝上放置，抚平后育克熨烫。将肩缝铺平放置在自由臂上，熨斗从衣领底部向外压烫出去； 4. 整烫袖子：将袖窿正面朝上套在自由臂前端，打开蒸汽熨压定型袖窿弧线。沿袖口弧度熨烫定型袖口及袖衩。约在袖山处将袖子对折铺平，熨烫袖子及袖缝，熨到袖口处时，注意将袖口褶拉平后熨烫； 5. 整烫衣身：将衣身反面朝上放置，从右向左依次熨烫右前片、后片、左前片。熨烫门襟、侧缝、下摆时，要打开蒸汽，从上至下整烫定型（注意：后省均倒向后中）。
扫码观看视频： 	
标准时间：712s	辅助工具：无
品质说明： 领子立起有弧度，袖口圆润，衣身面料洁净平整。	

二、包装

机器类型：折衫机	
示意图：  	**作业步骤：** 1. 整理衬衫：将衬衫扣子全部扣好，抚平衬衫面料并将领子支撑材料放置在领子中； 2. 折衫：将领子正面朝下放置进领模中。按下折衫机右侧动作键，模头闭合，放下折衣板。折叠过程中配合包装材料，完成衬衫的折叠与固定； 3. 包装：取下折叠好的衬衫，将其领子朝上放入包装袋中，撕下胶条，完成密封。
扫码观看视频：	
标准时间：600s	**辅助工具：**包装材料
品质说明： 包装后的衬衫版型平整无褶皱，领口、袖口位置正确无误。	

参考文献

[1] 浙江纺织服装职业技术学院男装设计与技术项目课程组.男衬衫设计与技术 [M].上海：东华大学出版社，2012.

[2] 童敏，王雪筠.成衣裁剪制作实例 [M].北京：中国纺织出版社，2019.

[3] 俞岚.服装制作工艺 [M].北京：中国纺织出版社，2019.

[4] 陈正英.服装制作工艺 [M].上海：东华大学出版社，2013.

[5] 胡越，赵轶群，倪浩诚.服装款式设计与版型实用手册·衬衫篇 [M].上海：东华大学出版社，2008.

[6] 陈东生，王鸿霖.男装款式版型工艺 [M].北京：中国纺织出版社，2020.